JavaScriptによるネイティブアプリ構築の実際

React Native+Expo
ではじめる
スマホアプリ開発

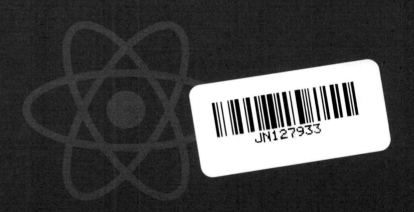

松澤太郎 著

●本書のサポートサイト
本書の補足情報、訂正情報などを掲載します。適宜ご参照ください。
http://book.mynavi.jp/supportsite/detail/9784839966645.html

●本書は2018年8月段階での情報に基づいて執筆されています。

●本書に登場する製品やソフトウェア、サービスのバージョン、画面、機能、URL、製品のスペックなどの情報は、すべて原稿執筆時点でのものです。執筆以降に変更されている可能性があります。

●本書に記載された内容は、情報の提供のみを目的としております。したがって、本書を用いての運用はすべてお客さま自身の責任と判断において行ってください。

●本書の制作にあたっては正確な記述につとめましたが、著者や出版社のいずれも、本書の内容に関して何らかの保証をするものではなく、内容に関するいかなる運用結果についても一切の責任を負いません。あらかじめ、ご了承ください。

●本書中の会社名や商品名は、該当する各社の商標または登録商標です。また、本書中では™および®マークは省略しています。

はじめに

　React Nativeは、Facebookが開発しているスマートフォンアプリケーション向けの開発環境で、2015年3月にオープンソースとして公開されました。ほとんどのコードをJavaScriptで記述でき、スマートフォンのAndroidとiOSに両対応したネイティブアプリケーションの開発が可能です。名前からもわかるように、同じくFacebookが開発したUI用のライブラリであるReactを使っており、コンポーネントを自在に組み合わせてUIを構築できます。Facebookは、自社のスマートフォンアプリケーション開発にReact Nativeを利用しています。

　また、多くのコンポーネントがHTML主体の開発に影響を受けていて、Web開発の経験者がネイティブアプリケーションの開発を始めるには、React Nativeはかなりハードルの低いプラットフォームといえます。特にReactの経験者なら、その低さを実感できることでしょう。筆者の場合は、むしろReactを挫折していて、React Nativeで初めて使いこなせるようになりました。

　筆者は、2016年に仕事でReact Nativeを使いはじめて、いくつかのアプリケーションのストアへのリリースおよび保守と、社内で開発されているアプリケーションの開発の手伝いを行っています。筆者自身は地図に関するプログラマーであるということもあって、地図が絡んだスマートフォンアプリケーションの開発に活用しています。

　本書は、約2年に渡る筆者の開発のノウハウを元に、React NativeおよびExpoの入門書として執筆しました。サンプルのコードは、すべてJavaScriptで実装しています。React Nativeによる開発で実際に現場で使っているノウハウを余すことなく投入し、解説しています。

　本書のテクニックを活用すれば、さまざまなスマートフォンアプリケーションの開発が可能になります。JavaScriptのみでネイティブアプリケーションを開発できますが、不足している機能をネイティブモジュールを使って拡張することもできます。また、開発自体が容易なため、趣味のプログラミングとしても活用できるでしょう。本書が、みなさんのネイティブアプリケーション開発の一助になれば幸いです。

2018年8月
松澤 太郎

本書について

●対象 OS

本書のプログラムコードは、次のOSで確認しています。

- Windows：Windows 10（バージョン1709）
- Linux：Ubuntu Linux 18.04（LTS）
- macOS：macOS High Sierra

Windowsでは、コマンドプロンプトではなくWindows PowerShellを利用します。コマンドの例では「PS>」を先頭に記述します。

Windowsでのコマンドの例
```
PS> dir
```

LinuxおよびmacOSでは、BashもしくはZshを利用します。コマンドの例では「$」を先頭に記述します。

LinuxおよびmacOSでのコマンドの例
```
$ ls
```

なお、スクリーンショットはOSを明記していない場合、Windows 10あるいはmacOS上でキャプチャしたものを掲載しています。

●サンプルプログラム

本書のサンプルプログラムはGitHubにアップロードしており、自由にダウンロードや利用が可能です。また、サンプルプログラムにあるtagはGitHubのTagsと連動しています。そのため、必要なソースコードを取得する際には、GitHubの各サンプルからtagへ移動するか、GitHubからソースコードをcloneして必要なtagをcheckoutしてください。

サンプルプログラムと章の対応は、次の通りです。

- 第4章　TODOアプリ：https://github.com/smellman/TodoApp
- 第5章　電卓アプリ：https://github.com/smellman/RPNCalc
- 第6章　TODOアプリ：https://github.com/smellman/TodoApp
- 第7章　TODOアプリ：https://github.com/smellman/TodoApp
- 第8章　トイレマップ：https://github.com/smellman/ToiletMap
- 第8章　GPSロガー：https://github.com/smellman/GPSLogger
- 第9章　路線図アプリ：https://github.com/smellman/StationMap
- 第10章　バーコードリーダー：https://github.com/smellman/BarcodeReader
- 第10章　トイレマップ（Mapbox）：https://github.com/smellman/MBToiletMap

謝辞

　本書を執筆するにあたって、多くの方々の協力をいただきました。まず、10年以上の友人であり、よこしまな理由からかもしれないけど執筆のチャンスをくれたマイナビ出版の西田雅典さんには最大の感謝を。執筆に対して多大な理解とともに支援をしてくれたGeorepublicのメンバー、特に原稿を読んで励ましてくれた田島さんには大変感謝しています。原稿のサンプルとして、駅すぱあと路線図APIの利用を承諾してくれたヴァル研究所の大平さんにも感謝を。

目次

第1章 React Nativeとは

- **1-1** React Native とは ……………………………………………………………… 002
- **1-2** Expoとは ………………………………………………………………………… 006
- **1-3** Create React Native Appとは ……………………………………………… 009
- **1-4** React NativeとExpo/CRNAの違い ……………………………………… 010

第2章 開発環境の構築

- **2-1** node.jsのインストール ……………………………………………………… 016
  - 2-1-1 nodistによるnode.jsのインストール（Windows）── 017
  - 2-1-2 nodebrewによるnode.jsのインストール（macOS/Linux）── 023
- **2-2** Expoを導入 …………………………………………………………………… 026

第3章 エミュレータ／シミュレータによる確認

- **3-1** Androidエミュレータのセットアップ …………………………………… 028
  - 3-1-1 WindowsにおけるAndroid Studioのインストール ── 029
  - 3-1-2 macOSでのAndroid Studioのインストール ── 040
  - 3-1-3 LinuxでのAndroid Studioのインストール ── 045
  - 3-1-4 Android Studioでエミュレータのセットアップ ── 051
- **3-2** iOSシミュレータのインストール ………………………………………… 060
- **3-3** Expoの確認用プロジェクトと開発サーバの起動 ……………………… 062
- **3-4** ExpoでAndroidエミュレータの確認 …………………………………… 064
- **3-5** iOSシミュレータでの確認 ………………………………………………… 067
- **3-6** Expoのネットワークについて …………………………………………… 069
- **3-7** 実機での確認 ………………………………………………………………… 070
  - 3-7-1 Androidの実機での確認 ── 070
  - 3-7-2 iOSの実機での確認 ── 072

3-8 Expoの動作モード ･･ 074
　　3-8-1　Reload ／ Reload JS Bundle —— 076
　　3-8-2　Live Reload —— 076
　　3-8-3　Toggle Inspector ／ Toggle Element Inspector —— 077
　　3-8-4　Debug JS Remotely ／ Debug remote JS —— 078
3-9 エディタを選ぶ ･･ 080
　　3-9-1　Atom —— 080
　　3-9-2　Visual Studio Code —— 081
　　3-9-3　EditorConfig —— 082

第 4 章
TODOアプリで学ぶ初めてのReact Native

4-1 作成準備 ･･ 088
4-2 import ･･ 091
4-3 const ／ let ／ var ･･ 094
4-4 Componentとrender関数 ･･･ 096
4-5 Reactにおけるkeyとloop ･･ 101
4-6 setState関数 ･･ 108
4-7 React.Componentのライフサイクル ･･ 114
4-8 JavaScriptの非同期処理 ･･ 117

第 5 章
電卓アプリ開発で学ぶFlexboxレイアウト

5-1 Flexboxの「軸」･･ 130
5-2 Flexboxでの配置 ･･ 135
5-3 電卓アプリを作ってみよう ･･ 139
　　5-3-1　逆ポーランド記法 —— 139
　　5-3-2　レイアウトを作成 —— 141
　　5-3-3　電卓の機能の実装 —— 157
5-4 画面の回転 ･･ 167

第6章
UIライブラリによるTODOアプリの拡張

- 6-1 nativebaseとReact Native Elements ... 176
- 6-2 React Native Elementsの導入 ... 178
- 6-3 SearchBarの導入 ... 179
- 6-4 テキスト入力とボタンをReact Native Elementsに置き換える ... 181
- 6-5 ListItemを実装 ... 185
- 6-6 iPhone Xへの対応 ... 187

第7章
React Nativeの状態管理

- 7-1 Fluxアーキテクチャとは ... 192
- 7-2 ReduxによるTODOアプリの状態管理 ... 193
- 7-3 redux-persistによる永続化 ... 201

第8章
地図アプリとGPSロガーアプリ制作で学ぶ実践的React Native開発

- 8-1 react-native-mapsとreact-navigation ... 206
  - 8-1-1 react-native-mapsとは —— 206
  - 8-1-2 react-navigationとは —— 207
- 8-2 トイレマップを作成 ... 208
  - 8-2-1 Overpass APIとは —— 215
  - 8-2-2 turf.jsとは —— 222
- 8-3 GPSロガーの作成 ... 238

第9章
WebViewプログラミング

- 9-1 経路探索アプリの作成 ... 254
- 9-2 WebViewにデータを渡す ... 261
- 9-3 WebViewからデータを受け取る ... 264
- 9-4 駅すぱあとWebサービスとの連携 ... 268

第 10 章
ネイティブモジュールを利用した開発

- **10-1** 開発環境のセットアップ 282
  - 10-1-1 Java 8以降のインストール —— 282
  - 10-1-2 React Native CLI —— 283
- **10-2** React Native Cameraで作るバーコードリーダー 284
  - 10-2-1 Androidの実機テスト —— 287
  - 10-2-2 iOSの実機テスト —— 290
- **10-3** Mapbox Maps SDKで作るトイレマップ 295
  - 10-3-1 Androidのセットアップ —— 297
  - 10-3-2 iOSのセットアップ —— 300
  - 10-3-3 アカウントの用意 —— 303
  - 10-3-4 アプリケーションの作成 —— 304

第 11 章
Storeへの配信

- **11-1** スプラッシュスクリーンの作成 316
- **11-2** アイコンの作成 321
- **11-3** Google Playでの配信 324
  - 11-3-1 ExpoでのAPKファイルの作成手順 —— 324
  - 11-3-2 React NativeでのAPKファイルの作成手順 —— 329
- **11-4** App Storeでの配信 333
  - 11-4-1 App Storeの準備 —— 333
  - 11-4-2 ExpoでのIPAファイルの作成およびApp Storeへの配信手順 —— 336
  - 11-4-3 React NativeでのApp Storeへの配信手順 —— 341

第 12 章
React Native ／ Expoのバージョンアップ

- **12-1** Expoのバージョンアップ 344
- **12-2** React Nativeのバージョンアップ 347
  - 12-2-1 react-native-git-upgradeによるアップグレード —— 348
  - 12-2-2 react-native ejectによるアップグレード —— 351

付録

- **A-1** tvOSプログラミング ……………………………………………………………………… 354
    - A-1-1　環境構築 —— 354
    - A-1-2　プログラムの修正 —— 356
    - A-1-3　実機での検証 —— 358
- **A-2** Windowsプログラミング ………………………………………………………………… 361

… 第 **1** 章

React Nativeとは

React Nativeは、主にiOSとAndroidをターゲットにした開発プラットフォームです。React Native自体は、Expoというサービスおよび開発ツールを使えば手軽に始めることができます。まずは概要を押さえて、実際にReact Native／Expoで何ができるのかを見ていきましょう。

1-1 React Native とは

　本書を手に取ったみなさんは、スマートフォンのネイティブアプリケーションの開発を行った経験があったり、これから取り組もうという人でしょう。過去に経験のある場合、次のような言語やフレームワークを使った開発だったかもしれません。

- **Swift** や **Objective-C** を使ったiOSアプリケーション開発
- **Java** や **Kotlin** を使ったAndroidアプリケーション開発
- **Lua** ／ **Corona SDK** を使ったクロスプラットフォーム開発環境での開発
- 簡単なラッパーを実装して中身は全部 **WebView** で実装

　筆者はこれらのすべてで経験がありますが、それぞれ厳しい思い出ばかりです。さすがにC++を使ったクラスプラットフォーム開発は経験はありませんが、ネイティブアプリケーション開発には、いつもハマってしまう落とし穴がありました。たとえば、次のようなことです。

- 開発環境のセットアップに苦戦する
- クロスプラットフォーム開発環境以外では複数OSのサポートが大変
- 端末によって画面が崩れることを考慮していないコードがある

　React Native は、こういったことを解決すべく、Facebookが開発したAndroid／iOSのネイティブ開発向けのフレームワークです。

1-1 React Native とは

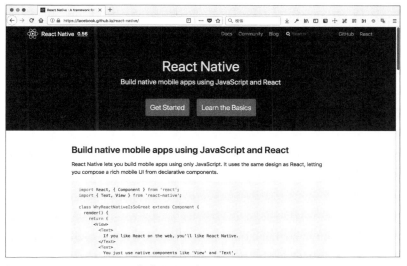

図01-01: React Nativeの公式サイト（https://facebook.github.io/react-native/）

　React Nativeは、その名の通り、同じくFacebookが開発した**React**というフレームワークを使ってUIを制御する仕組みを採用しており、JavaScriptとUIコンポーネントの組み合わせによる比較的キレイなコードを書くことが可能です。

　もちろん、React Nativeを使ったからといって、すべての課題が解決されるというわけではなく、課題も残されています。本書の後半ではReact Nativeのバージョンアップという非常に大変な作業も紹介しますが、多くはコツがわかっていれば回避できることでもあります。

　さて、本題のReact Nativeとは、大まかに言ってしまえば**JavaScriptをネイティブコードに変換して実行するフレームワーク**です。そして、特徴的なのはReactを使ったUIコンポーネントおよび状態の変化に柔軟に対応できる仕組みです。

　たとえば、次のようなテキストを表示するコードがあったとしましょう。

リスト1-01　テキストを表示するサンプル

```
1  state = {
2    text: "テスト"
3  }
4  // 省略
5  render() {
6    return (
7      <View>
8        ...
```

```
 9        <Text>{this.state.text}</Text>
10        ...
11      </View>
12    )
```

　ここではstateというオブジェクトがtextというプロパティを持っているとします（ここではstateの詳細は省きます）。そして、このtextというプロパティを変更する関数があるとしましょう。

リスト1-02　テキストを変更する関数
```
1   changeTextValue = () => {
2     this.setState({text: "hogehoge"})
3   }
```

　この関数を実行すると「テスト」と表示されていた部分が「hogehoge」と表示されます。
　ここで「=>ってなんだ?」と思った人は、ちょっと古いJavaScript使いでしょう。これは**アロー関数**と呼ばれ、ECMAScript 2015で導入された**無名関数の省略記法**です。このようなモダンなJavaScriptを積極的に使えるところもReact Nativeの特長です。
　React Nativeでは、このように状態の変化に応じて文字列やコンポーネント自体を書き換えたりすることが容易にできます。これが**React** Nativeである所以ともいえます。Reactについては本書でも扱いますが、Reactの本質については別途Webサイトや書籍などを参考にしてください[1]。著者自身は、実はReactに特に明るいというわけではなく、クロスプラットフォームのネイティブアプリが作りやすいという理由で開発に採用しています。
　では、**ReactではなくNativeの部分に注目**してみましょう。React Nativeは、OSごとに**ネイティブ**のコンポーネントを実装したものです。たとえば、先ほどの`<Text />`は、実装を辿っていくとiOSではText KitとUIViewを使い、Androidでは通常はandroid.widget.TextViewを使っています。ここでの特長としては、iOSではUITextViewを使わず、AndroidではFlat UIの場合にTextViewではなく独自の実装をしているということです。
　また、通常のスマートフォン開発ではGUIによるUI構築を行なっていますが、React Nativeではほとんどのコードをテキストエディタで記述するというのも特徴的です（ただし、ネイティブアプリケーションとして配布する際のスプラッシュ画面のみをXcodeなどで作るというケースはあります）。
　このようにNative側の実装はかなり高度な仕組みが使われており、さらにこれらが毎日のようにアップデートされているというのが現状です。React Nativeは、JavaScriptによる多くのコンポーネントやネイティブコードでの実装があり、その多くはnpm[2]パッケージ形式で提供されています。

※1　『React開発 現場の教科書』（石橋啓太 著／マイナビ出版 刊／ ISBN978-4-8399-6049-0）など。
※2　「Node Package Manager」の略で、Node.jsのパッケージ管理システムのことです。

React Nativeは、Pure JavaScriptによる実装を容易にするため、**Create React Native App**（**CRNA**）という仕組みが用意されていたり、**Expo**による簡易的な配布環境があるなど、先進的な仕組みが多くあります。

さらに、React Nativeの開発環境はWindows／macOS／Linuxをサポートしており、クラスプラットフォームでの開発が容易ということも特長です。また、Expoを使うことで、iOSをターゲットにした開発もWindowsやLinuxで行うことが可能です（ただし、実機が必要となります）。

本書ではJavaScriptを使ったスマートフォンアプリケーションの開発だけではなく、ネイティブコードでの実装やバージョンアップの注意点など、現場で実際に使っているからこそのノウハウを提供します。本書はReact NativeやExpoの公式ドキュメントや**MDN Web Docs**[3]のJavaScriptのリファレンスを元に解説を行うようにしています。ただし、執筆段階ではReact Nativeのドキュメントにも文書化されていない部分があるため、その点についても随時補足していきます。

では、さっそくReact Nativeの世界に飛び込んでみましょう！と行きたいところですが、React Nativeそのものの解説は後半にして、まずはExpoとCreate React Native Appを使ってPure JavaScriptによるプログラミングの世界を実感してみましょう。

---

[3] https://developer.mozilla.org/ja/

1-2 Expoとは

　React NativeはFacebookが開発したものですが、開発環境としてはネイティブに関係するものが多く、かなりハマりやすい部分があります。たとえば、エミュレータでは動作していても、実機デバッグをしようとしたら動かないなどという問題が起きることが稀ではありません[4]。

　これらの問題以外にも、テスト用にプログラムを配布するには、iOSならTestFlight[5]を使い、AndroidならAPKファイルを配布するなど、手間がかかります。

　そこで登場したのが**Expo**というサービスおよび開発ツールです。

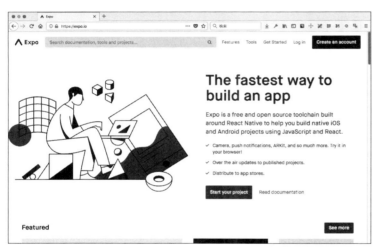

図01-02 Expoの公式サイト（https://expo.io/）

　Expoは、React Nativeにさまざまなライブラリを追加した環境および**exp（Expo XDE）**を使った簡易的なアプリケーションの配布を可能とするツール群と、Expoで作成されたアプリケーションを**expo.io**から配布を可能にするサービスです。たとえば、React Native単体では地図の表示や画像加工などを提供していないため、必要なライブラリをインストールして使うことが前提となります。そのため、**Xcode**

---

[4] これは、執筆時（2018年3月）にも実際に発生したことで、React Nativeでの実装でパッチをnode_modules内で当てないと動かないとかいう状況でした。

[5] Appleが買収したサービスで、もともとはiOS／Androidのアプリのテスト配布にも使われていましたが、現在はiOS専用のサービスとなっています。

のプロジェクトファイルや**Gradle**[※6]の変更やライブラリを読み込むためのコードをiOSとAndroidのネイティブコードに埋め込む必要があります。Expoでは、そういった手間をすべて省くために、あらかじめ多くのライブラリが埋め込まれた状態で配布されます。また、expo.ioでの配布時は、**Expo**が提供しているExpoというアプリケーションがそれらのライブラリを含んでいるため、JavaScriptおよびassetsのみを配布する形になります。そのため、ビルドの手間などをかなり省くことができます。

デメリットとしては、App StoreやGoogle Playで配布するバイナリを作成すると、Expoに含まれるすべてのライブラリを包括するため、iOSでは単純なアプリケーションでも160MBほどの大きさ（執筆時）になってしまうということが挙げられます。とはいえ、これは、App StoreやGoogle Playでの配布でもexpo.ioからの配布でも、後からアプリケーションの変更を行い、起動時に再読み込みをするようにでき、面倒なバージョンアップ作業を回避することができるという大きなメリットでもあります[※7]。

また、Expoを利用すると、URLの共有（iOS）やQRコード（Android）による開発時のアプリケーションの読み込みが可能となるため、実機でのテストが容易に行えるという特長もあります[※8]。

> **Column**　Snackについて
>
> Expo.ioには、**Snack**というWeb上で開発が可能なIDE（Integrated Development Environment：統合開発環境）が用意されています。
>
>
>
> snack.expo.io（https://snack.expo.io/）

[※6]　Javaで記述されたビルド自動化システムで、Androidにおける標準のビルドツールです。
[※7]　ただし、動的にアプリケーションの変更を行うと、Appleの審査に引っかかってしまう可能性があります。また、UIを変更してしまうと各ストアに掲載されるスクリーンショットと違うものを配布してしまうことになるため、注意が必要です。なお、動的な読み込みをしない方法もあります。
[※8]　もともとはiOSでもQRコードによる対応をしていましたが、2018年3月にリリースされたExpoクライアントから該当の機能は削除されました。これはAppleのガイドラインに対応するためです

Snackでは、Web上で動作するAndroid／iOSデバイスのシミュレータが提供されており、開発のほとんどをWeb上だけで済ますことが可能です。また、Snackで開発をしたアプリはExpoアプリと同じアカウントに紐付けをしておけば、Expoアプリから簡単にアクセスすることができます。

Snackで開発中のアプリはExpoアプリからアクセス可能

　そのため、実機での動作確認をしながらの開発すらもWeb上から可能ということになります。
　そして、Snackの最大の特徴は、プログラムのコードが簡単にシェアできるところです。Snackで作成したExpoのプロジェクトは、それ自体がURLを自動生成するため、簡単にシェアできます。結果として、React NativeやJavaScriptだけで書かれたライブラリなどのバグ報告で、実際にバグが再現するコードを示すのによく使われます。
　ただし、共同開発などに向いているかというと、ファイル管理部分がわかりづらく、筆者としては本書で説明するエディタを使ったコーディングのほうが現時点ではお勧めです。

1-3 Create React Native Appとは

Create React Native App（CRNA） は、FacebookとExpoのコラボレーションによって生まれたプロダクトです。その名の通り、React Nativeのアプリケーションを作成するためのツールで、Reactの開発環境を手軽に構築するための **Create React App（create-react-app）** のようなツールといえます。

内部ではExpoをそのまま採用しており、Expoクライアントによるアプリケーションの実行やExpoが内包するさまざまなライブラリを使うことができます。

FacebookによるReact Nativeの公式サイト（https://facebook.github.io/react-native）では、デフォルトでCRNAを使うように案内をしています。Expoとの大きな違いは、扱うコマンドと、プロジェクト開始時に生成するファイルの構成程度です。

CRNAは比較的簡素なアプリケーションからスタートする仕組みですが、あまりにも簡素なので、少し扱いづらい点があります。また、Expoにはreact-navigation[9]を利用したタブベースのテンプレートがありますが、CRNAではそのようなものも提供をしていません。

現段階ではExpoを使うかCRNAを使うかには大きな違いがないため、本書ではExpoを中心に扱っていきます。

※9 https://reactnavigation.org/

1-4 React NativeとExpo/CRNAの違い

React NativeとExpo/CRNAとの違いをまとめておきましょう。

まずは、基本的な動作の違いについて説明します。

React Nativeでは、開発モードと実際にアプリケーションとして配布する状態では動きが異なります。開発モードでは、まずAndroid／iOSのシミュレータもしくは実機にReact Nativeと必要なネイティブモジュールをまとめたバイナリを配布します。その上で、開発環境でサーバを起動し、記述したプログラムをまとめたJavaScriptとやり取りを行い、バイナリがそれを解釈して動作するという動きになります。

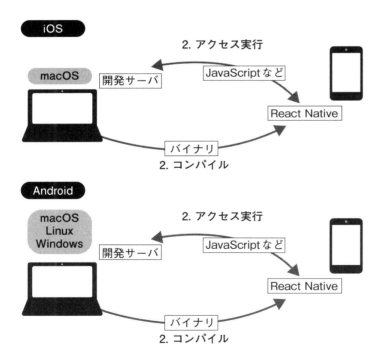

図01-03　React Nativeの開発モード

アプリケーションとして配布する場合は、ほかのネイティブ開発環境と同様に、すべてコンパイルしてから、APKファイル（Android）やipaファイル（iOS）をStoreから配信します。

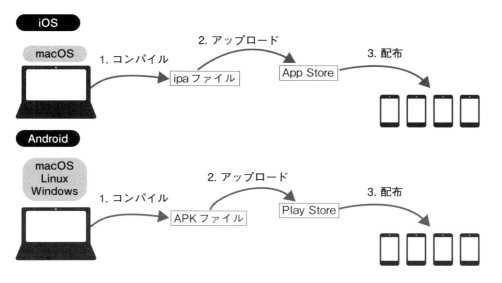

図01-04　React Nativeのアプリケーション配布

一方、Expo/CRNAでは、**Expo**というクライアントをシミュレータもしくは実機にインストールをして、それらが直接開発サーバを参照します。そのため、コンパイルという作業がありません。

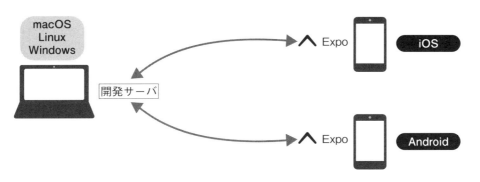

図01-05　Expo/CRNAの開発モード

Expo/CRNAでの大きな特徴は、アプリケーションの配布のモードです。まず、コンパイルなどのすべての作業自体をexpo.ioというサイト上で行います。そして、得られたAPKファイルおよびipaファイルを

配布します。ただし、これらはすべてコンパイルされたものではなく、expo.ioに配布されたアプリケーションを参照するものになります。

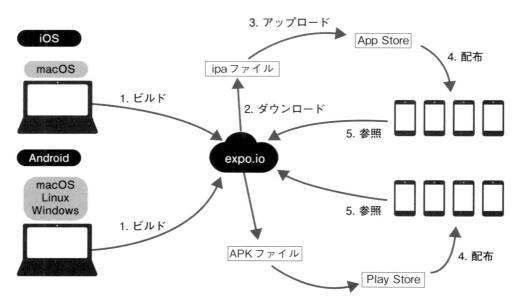

図01-06　Expo/CRNAのアプリケーション配布

このような特徴により、Expo/CRNAではリリース後の動的なファイル変更が可能になっているわけです。これ以外の大まかな違いも次の表にまとめました。

表01-01　React NativeとExpo/CRNAの違い

	ネイティブモジュール開発	tvOS／Windows対応	macOS以外でiOSアプリケーション開発	コマンド
Reacet Native	可能	可能	不可能	react-native／npm
Expo	不可能	不可能	実機なら可能	expo／npm
CRNA	不可能	不可能	実機なら可能	creato-react-native-app／npm

　この表からわかるように、React Nativeであればネイティブモジュールの追加や開発が可能です。それによる大きなメリットは、Android／iOSが提供しているAPIを直接参照できるようになるという点です。また、一部のコードをネイティブモジュールで実装することで、アプリケーションのスピードを上げることも可能になります。

　一方、Expo/CRNAでは、ネイティブモジュールの追加や開発はできません。先ほど述べたように、コ

ンパイルという手順を行っていないためです。ただし、Expoが最初からさまざまなネイティブモジュールを内包しているため、ほとんどの場合は事足ります。実際に、筆者が関わったプロジェクトでは、ほとんどの実装をExpoに頼っています。また、途中までアプリケーションをExpoで実装してから、ネイティブモジュールをサポートするためにReact Nativeに移行したというパターンもありました。

ネイティブモジュールとしては、Windowsアプリに対応しているかどうかという違いもあります。Microsoftが**react-native-windows**というプラグインを開発しており、これを利用するとWindows 10やXBox One向けのアプリケーションの開発が可能になります。

- GitHub - Microsoft/react-native-windows
  https://github.com/Microsoft/react-native-windows

また、React Nativeでは標準でtvOSのサポートが含まれており、Apple TVをターゲットにしたアプリケーション開発も可能です。React Nativeが執筆時現在でターゲットとして選べるプラットフォームは、次の図の通りです。

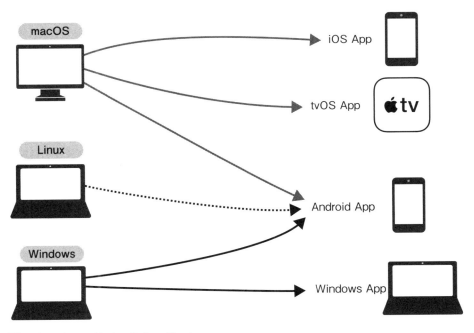

図01-07　React Nativeのターゲット

Expo/CRNAでは、このようなプラットフォームの追加はできません。つまり、Android／iOS専用のプラットフォームと考えておくとよいでしょう。

逆にExpo/CRNAで可能なのは、macOS以外でのプラットフォーム（Windows／Linux）でのiOSアプリケーション開発です。Expo/CRNAでは、実行する端末にExpoのアプリケーションが入っていて、それにネットワークからつながればよいという仕組みなので、OSを問わずに開発環境を整えられます。ただし、iOSシミュレータでの実行はできないため、iOSの実機を確保する必要はあります。

　React NativeはExpoのような仕組みではなく、実行時に依存するネイティブモジュールをコンパイルしたバイナリを作成して実行するので、ビルドに対応しているスマートフォン／OSに対する開発のみしかできません。ただし、ターゲットがAndroidであれば、どのOSでも開発はできます。また、ソースコードもほぼ同じものが使えるため、ネイティブモジュールに依存しない限りは開発時の環境は問いません。ちなみに、筆者の会社ではmacOSとLinuxの開発環境が混在していますが、問題なく開発できています。

　なお、Expo／CRNAもベースはReact Nativeなので、それぞれReact Nativeと同じようにネイティブモジュールなどが追加できる環境にすることも可能です。Expoではdetachという操作を行うことで**ExpoKit**という名前で呼ばれる状態になり、これがほぼReact Nativeと同じなのです。CRNAではejectという操作を行うことで、React Nativeと同じ状態になります。ただし、これらの操作は一度行うともとに戻せなくなるので注意をしてください。また、ExpoのdetachではtvOSのサポートが標準でされないという違いもあります。

　さらに大きな違いとしてはどのコマンドを使うかですが、これらはそれぞれの環境ごとに詳細を説明していきます。

第 2 章
開発環境の構築

本書で使う開発環境を整えていきます。ただし、ここではExpoの環境を整えることにとどめ、React Nativeの開発環境（React Native CLI）は第10章以降で扱います。

2-1 node.jsのインストール

React NativeおよびExpo/CRNAには、**node.jsが必須**です。

図02-01　node.js公式サイト（https://nodejs.org/ja/）

まずは、PowerShell[※1]やターミナルから、nodeコマンドがすでに導入されていないかを確認します。

コマンド02-01　node.jsのバージョン確認（WindowsのPowerShell）

```
PS> node -v
v8.11.1
```

コマンド02-02　node.jsのバージョン確認（macOSやLinuxのターミナル）

```
$ node -v
v8.11.1
```

※1　ここで使用しているのは、PowerShell Coreではなく、Windows 7以降に標準搭載されている、いわゆる Windows PowerShellです。

すでに導入されている場合でも、バージョンに注意してください。node.jsのLTS（原稿執筆時では8.x）の最新版であることが望ましいです。

インストールされていない場合はインストールを行いますが、できればroot権限を使わずにインストールを行いたいので、Windows上では**nodist**を、macOSおよびLinux上では**nodebrew**を利用します。

2-1-1　nodistによるnode.jsのインストール（Windows）

nodistはWindows向けのnode.jsを管理する仕組みです。Windows向けにインストーラが用意されているほか、Chocolatey[※2]によるインストールもサポートされています。

- GitHub - marcelklehr/nodist
  https://github.com/marcelklehr/nodist

ここではインストーラを使ってセットアップを行うため、GitHubのリリースページに移動して、インストーラをダウンロードします。

図02-02　GitHubのnodistリポジトリ（https://github.com/marcelklehr/nodist/releases）

※2　Windows上で動作するパッケージ管理システムです。https://chocolatey.org/

ダウンロードしたNodistSetup-v0.8.8.exeを実行すると、最初に図02-03のように変更の許可を確認するダイアログが表示されます。

図02-03　NodistSetup-v0.8.8.exeの実行許可の確認のダイアログ

「はい」を選択すると、インストーラが起動します（図02-04）。

図02-04　nodistのインストーラ起動画面

使用許諾の画面では「I agree」ボタンを押して進めます。

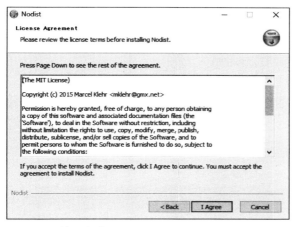

図02-05　使用許諾

インストール先を指定する画面では、デフォルトで問題なければ「Install」ボタンを押します。これでインストールが開始されます。

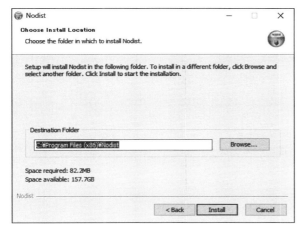

図02-06　インストール場所の選択

インストールが完了したら、「Finish」ボタンを押してインストーラを終了します。

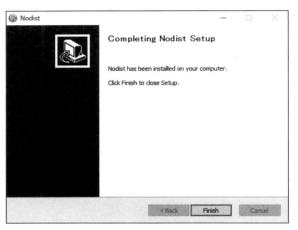

図02-07　インストールの完了

次にnodistをPowerShell上で有効にします。まず最初に、PowerShellが実行できるスクリプトの実行ポリシーを確認します。PowerShellを起動したら、`Get-ExecutionPolicy`を実行します。

コマンド02-03　実行ポリシーの確認
```
PS> Get-ExecutionPolicy
Restricted
```

結果がRestrictedの場合、nodistを実行できません[※3]。そこで、PowerShellを管理者権限で実行し、次のように`Set-ExecutionPolicy`コマンドで実行権限を変更します。実行すると、最終行でカーソルが点滅して入力を求められるので、Yあるいはyを押して進めます。

※3　公式ドキュメントではbin/nodist.ps1 を右クリックメニューからUnblockすると書かれていますが、筆者の環境ではそのようなメニューがなく、さらにUnblock-Fileを該当のファイルに実行してもうまくいかなかったため、対処が必要でした。ポリシーが変更できない場合は、公式ドキュメントに沿って「Git Bash」などを使うようにしてください。

Column PowerShellの実行ポリシー

PowerShellでは、どんなスクリプトファイルなら実行できるかを**実行ポリシー**で規定しています。スクリプトがローカルにあるのかリモートにあるのかで、実行ポリシーは異なっています。なお、セキュリティの観点から署名付きのスクリプトというものが存在します。これらを表にまとめると、次のようになります。

実行ポリシー	ローカルスクリプト	リモートスクリプト
Restricted	実行不可	実行不可
AllSigned	署名付きスクリプトのみ実行可	署名付きスクリプトのみ実行可
RemoteSigned	実行可	署名付きスクリプトのみ実行可
Unrestricted	実行可	実行可
ByPass	実行可	実行可

コマンド02-04　実行ポリシーの変更

```
PS> Set-ExecutionPolicy RemoteSigned

実行ポリシーの変更
実行ポリシーは、信頼されていないスクリプトからの保護に役立ちます。実行ポリシーを変更すると、
about_Execution_Policies
のヘルプ トピック( https://go.microsoft.com/fwlink/?LinkID=135170 )
で説明されているセキュリティ上の危険にさらされる可能性があります。実行ポリシーを変更します
か?
[Y] はい(Y)  [A] すべて続行(A)  [N] いいえ(N)  [L] すべて無視(L)  [S] 中断(S)  [?] ヘルプ
(既定値は "N"): y
```

これで実行ポリシーが変更されたので、一般ユーザーで実行するPowerShellに戻ってGet-ExecutionPolicyを実行します。今度はRemoteSignedと表示されるはずです。

コマンド02-05　実行ポリシーの再確認

```
PS > Get-ExecutionPolicy
RemoteSigned
```

あとはnodistが実行できるかを確認します。

コマンド02-06　nodistの実行確認

```
PS> nodist
  (x64)
> 7.2.1  (global: v7.2.1)
```

nodistが実行できることとnode v7.2.1がインストールされていることが確認できます。では、最新版のnode.jsをインストールします。まず、インストール可能なバージョンを確認します。

コマンド02-07　インストール可能なバージョンを確認
```
PS> nodist dist
```

複数のバージョンが出てきますが、ここでは執筆時点のLTS（Long Term Support：長期サポート）の最新版であるv8.11.3をインストールします。バージョン部分は、適宜、読み替えてください。

コマンド02-08　nodistでnode.js v8.11.3をインストール
```
PS> nodist + 8.11.3
```

ここで、v8.11.3ではなく「+ 8.11.3」と指定していることに気を付けてください。
そして、nodistが使うnode.jsのバージョンを指定します。

コマンド02-09　nodistでnode v8.11.3を使うように指定
```
PS> nodist global 8.11.3
8.11.3
Default global pacakge update dsuccessful.
PS> nodist
  (x64)
  7.2.1
> 8.11.3  (global: 8.11.3)
```

では、node.jsのバージョンを確認してみましょう。

コマンド02-10　インストールしたnodeのバージョンをチェック
```
PS> node -v
v8.11.3
```

これでWindows上でのnode.jsのインストールは完了です。

> **Column Windowsのnode.jsはどれを選ぶべきか**
>
> 本書では、Windowsでnodistを使ったnode.jsのバージョン管理の方法を示していますが、執筆時点では、nodist上でnpmコマンドのアップグレードができないという現象がありました。
> **npm**コマンド自体はたびたびアップグレードされるため、古いnpmコマンドを使うと、npm installを実行したときに失敗する場合が時折見られます
> ここでnodistを採用したのは、ほかのOSと同様に、node.jsの複数バージョンを管理するケースを想定したからです。node.jsのバージョンが1つだけで問題ないのであれば、公式サイトのものを利用するようにしてください。node.jsを公式サイトからダウンロードをしたものを使えば、npmコマンド自体は次のコマンドでアップグレード可能です。
>
> ```
> PS> npm install -g npm
> ```

2-1-2 nodebrewによるnode.jsのインストール（macOS/Linux）

nodebrewは、node.jsを管理する仕組みで、Perlで記述されています。macOSとLinuxであれば、nodebrewをインストールすれば、一般ユーザー権限で簡単にnode.jsの管理を行えます。

まず、curlコマンドがあることを確認します。入っていない場合は別途インストールを行います。

コマンド02-11　curlコマンドの確認

```
$ curl --version
curl 7.54.0 (x86_64-apple-darwin17.0) libcurl/7.54.0 LibreSSL/2.0.20 zlib/1.2.11 nghttp2/1.24.0
Protocols: dict file ftp ftps gopher http https imap imaps ldap ldaps pop3 pop3s rtsp smb smbs smtp smtps telnet tftp
Features: AsynchDNS IPv6 Largefile GSS-API Kerberos SPNEGO NTLM NTLM_WB SSL libz HTTP2 UnixSockets HTTPS-proxy
```

次のコマンドでnodebrewのインストールを行います。

コマンド02-12　nodebrewのインストール

```
$ curl -L git.io/nodebrew | perl - setup
```

そして、環境に合わせて、次のように $HOME/.bashrc（macOSの場合は $HOME/.bash_profile）もしくは $HOME/.zshrcにPATH変数を追記します。

リスト02-01　nodebrewのPATH変数

```
1  export PATH=$HOME/.nodebrew/current/bin:$PATH
```

追記したら、環境変数を再読み込みします。bashを利用している場合は、次のようにします。

コマンド02-13　環境変数の再読み込み（bash）

```
$ source ~/.bashrc
$ #または
$ source ~/.bash_profile
```

zshを利用している場合は、次のようにします。

コマンド02-14　環境変数の再読み込み（zsh）

```
$ source ~/.zshrc
```

さらに、インストール可能なnode.jsのバージョンを調べます。

コマンド02-15　nodebrewでインストール可能なバージョンの一覧を取得

```
$ nodebrew ls-remote
```

複数のバージョンがリストアップされますが、ここでは執筆時点のLTSで最新版であるv8.11.3をインストールします。バージョン部分は、適宜、読み替えてください。

コマンド02-16　nodebrewでnode.js v8.11.3をインストール

```
$ nodebrew install v8.11.3
```

そして、nodebrewが使うnode.jsのバージョンをuseコマンドで指定します。

コマンド02-17　nodebrewでnode.js v8.11.3を使うように指定

```
$ nodebrew use v8.11.3
```

なお、zshを利用している場合、rehashコマンドを実行して、PATH変数上のコマンドを再度読み込む必要があります。

コマンド02-18　rehashコマンドの実行
```
$ rehash
```

では、node.jsのバージョンを確認してみましょう。

コマンド02-19　インストールしたnode.jsのバージョンを確認
```
$ node -v
v8.11.3
```

これで、macOS ／ Linux 上でのインストールは完了です。

2-2 Expoを導入

それぞれの環境でnode.jsがインストールできたら、Expoを導入します。Expoに対するすべての操作は、expコマンドによって行われます。そのため、Expoを使うために行うことは、expコマンドをインストールするだけです。そして、expのインストールは、npmコマンドで次のように実行するだけです。

コマンド02-20　npmコマンドによるexpの導入
```
$ npm install -g exp
```

さて、この段階で開発環境自体は整いましたが、Expo自体はexp startを実行した際にexpo.ioのアカウントが必要になります。そのため、最初にアカウントの作成を行う必要があります。

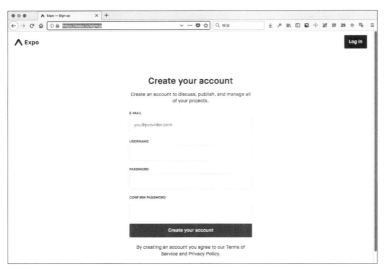

図02-08　Expoのアカウント作成（https://expo.io/signup）

Expoのサインアップページからアカウントを作成すれば、開発環境の準備が整ったことになります。次章では、実際にシミュレータと実機を使った実行環境について説明します。

第3章
エミュレータ／シミュレータによる確認

Windows ／ macOS ／ Linuxの環境ではAndroidエミュレータを利用したデバッグ環境を、macOSの環境ではiOSシミュレータを利用したデバッグ環境を利用できます。ここでは、それらの導入から、具体的な利用方法までを解説します。

3-1 Androidエミュレータのセットアップ

Androidエミュレータを使うには、Googleが提供する統合開発環境である **Android Studio** をインストールし、Android Studioから **AVDManager** を起動してAndroidエミュレータを構築する必要があります[1]。
では、その手順を紹介していきましょう。

まずは、Android Studioの公式ページを開きます。

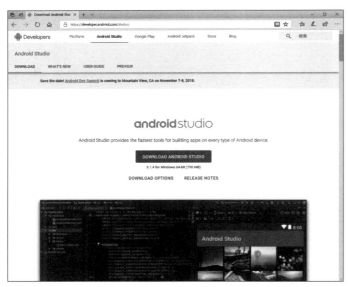

図03-01　Android Studio 公式ページ（https://developer.android.com/studio/）

Android Studioの公式ページにはダウンロードのリンクがあり、それをクリックすると利用規約の画面が表示されるので、同意してダウンロードを行います。

---

[1] 以前はAVDManagerは単独のGUIアプリケーションとして動かすことができましたが、最新のandroid-sdkではできなくなってしまいました。

3-1 | Androidエミュレータのセットアップ

図03-02　利用規約

では、それぞれのOSごとにインストールを紹介していきます。

3-1-1　WindowsにおけるAndroid Studioのインストール

Windows版として、インストーラ形式のexeファイル（64ビット、32ビット）と、実行ファイル一式を1つに圧縮したZipファイルが提供されています。ここでは、ダウンロードページでも推奨されている64ビット版のexeファイルで説明していきます。まずは、執筆時の最新バージョンであるandroid-studio-ide-173.4819257-windows.exeをダウンロードします。

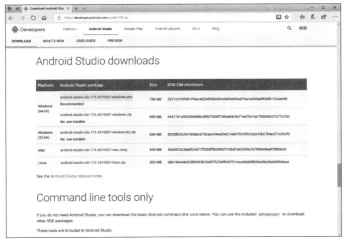

図03-03　Android Studioのダウンロードページ

029

ダウンロードしたexeファイルを起動すると、最初に図03-04のように変更の許可を求めるダイアログが表示されます。

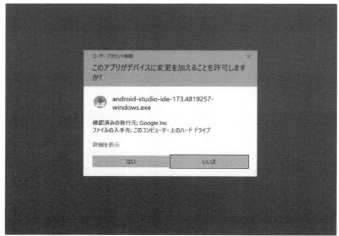

図03-04　android-studio-ide-173.4819257-windows.exeの実行許可

「はい」を押して進むとインストーラが実行されます。

図03-05　インストーラが起動

デフォルトのまま、「はい」や「OK」を押して進めていきます。

最後の画面では「Start Android Studio」にチェックが入っているのを確認して「Finish」を押して完了させます。

図03-06　インストーラの完了画面

自動的にAndroid Studioが起動して、設定をインポートするかどうかを確認されます。初回であれば「Do not import settings」を選択して「OK」を押します。

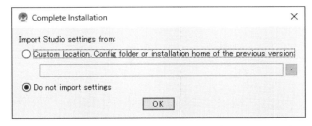

図03-07　Android Studioの設定をインポートするかどうかの確認

「Android Studio Setup Wizard」が起動するので、「Next」を押して続けます。

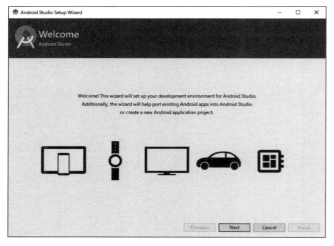

図03-08　Android Studio Setup Wizardの起動

「Install Type」は「Standard」を選択して、「Next」を押します。

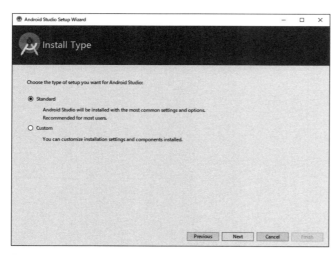

図03-09　Install Typeの選択

UIテーマは、どれでも構いません。好きなものを選んで「Next」を押して続けます。

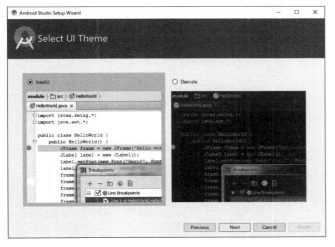

図03-10　テーマの選択

最後にインストールする内容が表示されるので、問題なければ「Finish」を押して進めると、インストールが始まります。

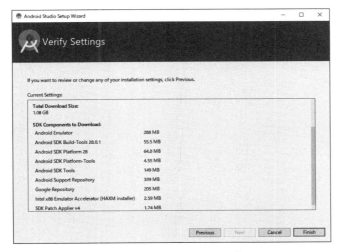

図03-11　Android Studio Setup Wizardの確認画面

インストール途中で変更の確認が行われる場合がありますが、「はい」を押して進めます。

図03-12　変更の確認

しばらく待つとインストールが完了します。

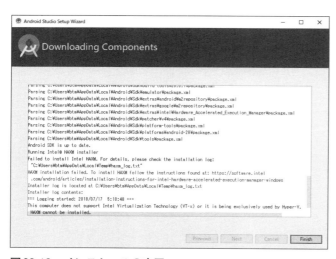

図03-13　インストールの完了

このとき、**HAXM（Intel Hardware Accelerated Execution Manager）**のインストールに失敗したと表示されることがあります。HAXMは Android エミュレータを Intel の仮想化支援技術（Virtualization Technology）を用いて高速に動作させるための仕組みです。したがって、HAXMを動作させるためには

BIOSで仮想化が有効になっていて、かつ他の仮想化の機能が動いていないことが前提となります。そこで、HAXMのインストールに失敗する場合は、次のような点を確認してください。

・BIOSの設定で仮想化の機能が有効になっていること
・Hyper-Vなどの仮想化の機能が有効になって**いない**こと
・アンチウィルスソフトで仮想化の機能を使っていないこと

BIOSの設定で「Intel Virtualization Technology」がオフになっていると、HAXMがインストールできません。PCによって異なりますが、電源投入後にF2やDelなどのキーを押すとBIOSの設定画面を表示できます。

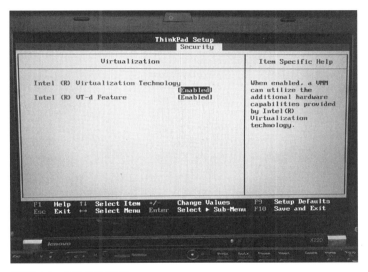

図03-14　BIOSの設定

Hyper-Vが有効になっていても、HAXMはインストールできません。「コントロールパネル」→「プログラムと機能」→「Windowsの機能の有効化または無効化」を開きます。そこで、Hyper-Vのチェックボックスを外します。

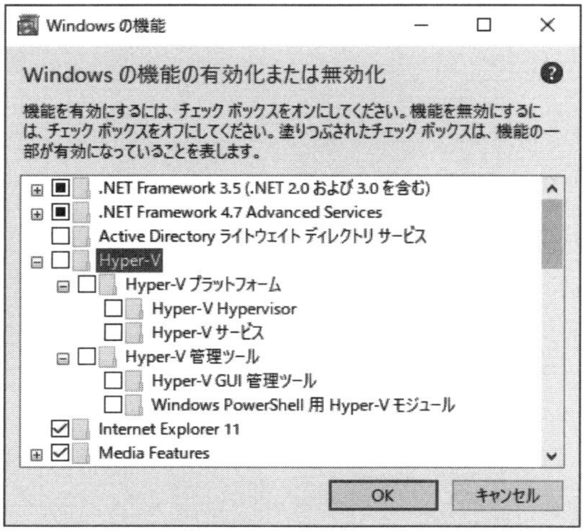

図03-15 Hyper-Vの無効化

これらを確認したら、C:¥Users¥ユーザ名¥AppData¥Local¥Android¥Sdk¥extras¥intel¥Hardware_Accelerated_Execution_Manager以下にあるintelhaxm-android.exeを実行してHAXMのインストールを試みてください。

HAXMのインストールまでできたら、環境設定のセットアップを行います。

まず、スタートメニューのWindowsシステムツールから「コントロールパネル」を開き、「システム」を開きます。

図03-16 コントロールパネルの「システム」

「システムの詳細設定」を開き、「環境変数」ボタンを押して環境変数の画面に移動します。

図03-17　システムの詳細設定画面

環境変数の画面で、ユーザー環境変数の「新規」ボタンを押します。

図03-18　環境変数の画面

ここで、ANDROID_HOME変数を追加します。

表03-01 ANDROID_HOME変数

変数名	ANDROID_HOME
変数値	%USERPROFILE%¥AppData¥Local¥Android¥Sdk

図03-19 ANDROID_HOME変数の追加

再び環境変数画面に移動し、PATH変数を選択して「編集」を押します。

図03-20 PATH変数の編集画面

ここでは「新規」ボタンを押して、次の3つの変数を追加します。

表03-02 PATH変数に追加する項目

%USERPROFILE%¥AppData¥Local¥Android¥Sdk¥tools
%USERPROFILE%¥AppData¥Local¥Android¥Sdk¥tools¥bin
%USERPROFILE%¥AppData¥Local¥Android¥Sdk¥platform-tools

追加後は図03-21のようになります。

3-1 Androidエミュレータのセットアップ

図03-21　PATH変数の編集後

Column　コマンドプロンプトによる環境変数の追加とPATHの追加

　環境変数の追加や、PATH変数への項目追加は、コマンドラインから行うこともできます。ここでは、コマンドプロンプトを使って設定する方法を説明しておきましょう。次のようにsetxコマンドを使います。

環境変数の追加

```
C:¥>setx ANDROID_HOME %USERPROFILE%¥AppData¥Local¥Android¥Sdk
```

PATH変数への項目追加

```
C:¥>setx PATH "%PATH%;%USERPROFILE%¥AppData¥Local¥Android¥Sdk¥tools;%USERPROFILE%¥AppData¥Local¥Android¥Sdk¥tools¥bin;%USERPROFILE%¥AppData¥Local¥Android¥Sdk¥platform-tools;"
```

実行例

　ただし、%USERPROFILE%などは展開されて登録されます。

3-1-2　macOSでのAndroid Studioのインストール

　Windowsの場合と同様に、まずはandroid-studio-ide-173.4819257-mac.dmgをダウンロードします。そして、ダウンロードしたandroid-studio-ide-173.4819257-mac.dmgをダブルクリックしてイメージをマウントします。

図03-22　Android Studioのディスクイメージをマウント

　マウントしたらAndroid StudioをApplicationsフォルダにドラッグしてインストールを行います。インストールが完了したらAndroid Studioを起動します。

図03-23　Android Studioの起動確認

最初に設定をインポートするかどうかを確認されるので、初回であれば「Do not import settings」を選択して「OK」を押します。

図03-24　Android Studioの設定をインポートするかどうかの確認

「Android Studio Setup Wizard」が起動するので、「Next」を押して続けます。

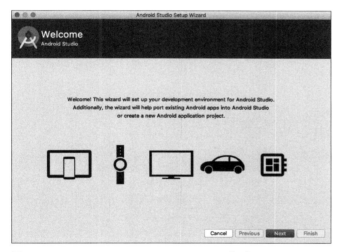

図03-25　Android Studio Setup Wizardの起動

「Install Type」は「Standard」を選択します。

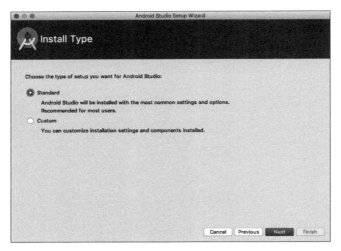

図03-26　Install Typeの選択

UIテーマは、どれでも構いません。好きなものを選んで「Next」を押して続けます。

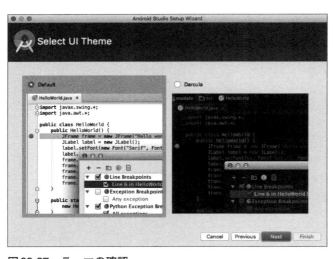

図03-27　テーマの確認

最後にインストールする内容が表示されるので、確認して「Finish」を押して続けます。

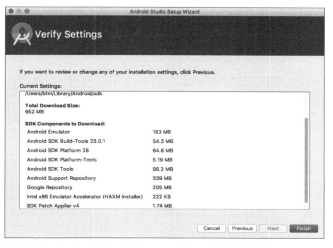

図03-28　Android Studio Setup Wizardの確認画面

インストールの途中で、HAXMのインストールのためにパスワードの入力を求められます。HAXMはエミュレータでは必須なので、パスワードを入力してインストールを行います。

図03-29　HAXMのインストールに必要なパスワードの確認

ただし、インストールをしようとするとブロックされるので、「"セキュリティ"環境設定を開く」を選択します。

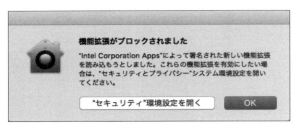

図03-30　機能拡張のブロック

セキュリティ環境設定画面で、「開発元"Intel Corporation Apps"のシステムソフトウェアの読み込みがブロックされました」のところの「許可」を押して、インストールを進めます。

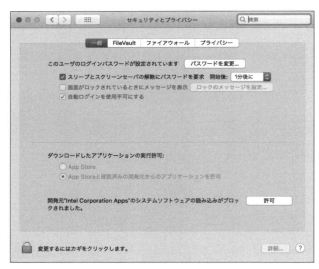

図03-31　セキュリティ環境設定画面

しばらく待つとインストールが完了します。

3-1 | Androidエミュレータのセットアップ

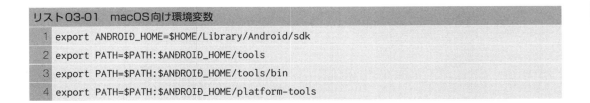

図03-32　インストールの完了

インストールが完了したら、次の環境設定を.bash_profileもしくは.zshrcに追記します。

リスト03-01　macOS向け環境変数

```
1  export ANDROID_HOME=$HOME/Library/Android/sdk
2  export PATH=$PATH:$ANDROID_HOME/tools
3  export PATH=$PATH:$ANDROID_HOME/tools/bin
4  export PATH=$PATH:$ANDROID_HOME/platform-tools
```

sourceコマンドで、次のように設定を読み込み直せば完了です。

コマンド03-01　sourceコマンドによる設定の再読み込み

```
$ source ~/.bash_profile
$ #または
$ source ~/.zshrc
```

3-1-3　LinuxでのAndroid Studioのインストール

Linux版のAndroid Studioは32ビットOS向けに構築されているため、64ビット版のOSを使っている場合は、32ビット向けのライブラリを導入しておく必要があります。たとえば、Ubuntuの64ビット版を使っている場合、次のようにして、必要なライブラリをインストールします。

コマンド03-02　Android Studioで必要なライブラリをインストール
```
$ sudo apt-get install libc6:i386 libncurses5:i386 libstdc++6:i386 lib32z1 libbz2-1.0:i386
```

FedoraなどUbuntu以外の64ビット版Linuxを使っている場合は、公式サイトから必要なコマンドを確認してください。

- Android Studio のインストール ¦ Android Developers
  https://developer.android.com/studio/install

なお、公式サイトの日本語の情報は古いため、必ず英語版のドキュメントも参照するようにしましょう。

まず、WindowsやmacOSと同様に、Linux用のパッケージandroid-studio-ide-173.4819257-linux.zipをダウンロードします。まずは展開する必要がありますが、ここではホームディレクトリに展開して進めます。

コマンド03-03　Android Studioを展開
```
$ cd ~
$ unzip ~/Downloads/android-studio-ide-173.4819257-linux.zip
```

次に、シェルからAndroid Studioを起動します。

コマンド03-04　Android Studioを起動
```
$ ~/android-studio/bin/studio.sh
```

GUIアプリケーションのAndroid Studioが起動し、設定をインポートするかどうかを確認されます。初回であれば「Do not import settings」を選択して「OK」を押します。

図03-33　Android Studioの設定をインポートするかどうかの確認

「Android Studio Setup Wizard」が起動するので、「Next」を押して続けます。

3-1 | Androidエミュレータのセットアップ

図03-34　Android Studio Setup Wizardの起動

「Install Type」は「Standard」を選択します。

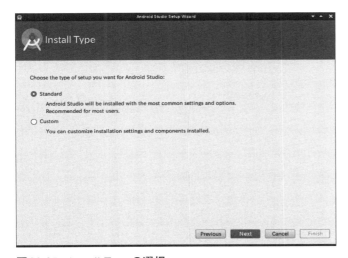

図03-35　Install Typeの選択

UIテーマは、どれでも構いません。好きなものを選んで「Next」を押して続けます。

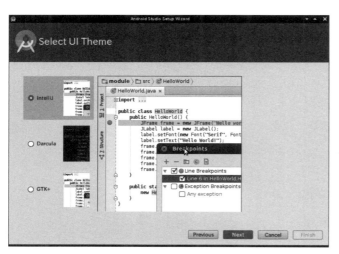

図03-36　テーマの選択

インストールする内容が表示されるので、確認を行って「Next」を押して続けます。

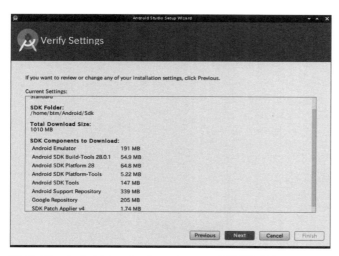

図03-37　Android Studio Setup Wizardの確認画面

Linuxでは、Android Studio Setup Wizardの最後に**KVM**に関するメッセージが表示されます。

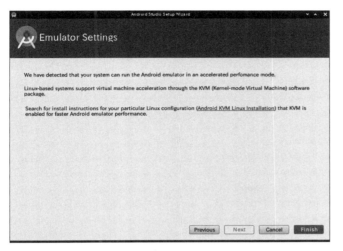

図03-38　KVMのメッセージ

　Linuxでは、エミュレータの高速化に、HAXMではなくKVM（Kernel-based Virtual Machine）を利用します。KVMは、Linuxで標準的に使われている仮想化技術です。KVMが導入されていない場合は、Android Studioの公式ドキュメントに沿ってインストールを行ってください。

- Configure Emulator graphics rendering and hardware acceleration ¦ Android Developers
  https://developer.android.com/studio/run/emulator-acceleration#vm-linux

「Finish」を押してしばらく待つと、インストールが完了します。

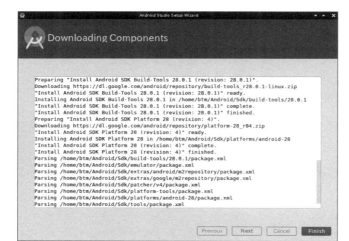

図03-39 インストールの完了

インストールが完了したら、.bashrcもしくは.zshrcに環境変数を追加します。

リスト03-02 Linux向け環境変数
```
1 export ANDROID_HOME=$HOME/Library/Android/sdk
2 export PATH=$PATH:$ANDROID_HOME/tools
3 export PATH=$PATH:$ANDROID_HOME/tools/bin
4 export PATH=$PATH:$ANDROID_HOME/platform-tools
```

sourceコマンドで、次のように設定を読み込み直せば完了です。

コマンド03-05 sourceコマンドによる設定の再読み込み
```
$ source ~/.bash_profile
$ #または
$ source ~/.zshrc
```

3-1-4 Android Studioでエミュレータのセットアップ

それぞれの環境でAndroid Studioを導入できたら、Andoroidエミュレータをセットアップします。まずは**SDK Manager**でSDKの設定を行ったあとに**AVD Manager**でエミュレータの設定を行います。SDK Managerの設定自体はあとからでも行えますが、先にセットアップしておくとReact Nativeのネイティブ開発が楽になるため、この段階で行っておきます。

図03-40　Android Studioの起動画面

Android Studioの起動画面で「Start a new Android Studio project」を選択します。すると、対話形式でプロジェクトを作成するウィザードが起動します。

第3章 エミュレータ／シミュレータによる確認

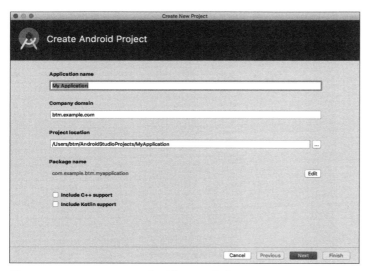

図03-41　Android Studio プロジェクト作成 Wizard

実は、これは単に空のプロジェクトを作成するために利用しています。なぜなら、AVD Manager は Android のプロジェクトを開かないとアクセスできないため、ダミーとなるプロジェクトが必要だからです。したがって、デフォルト設定のまま、すべて「Next」を押してプロジェクトを作成します。

プロジェクトの作成が終わったら、SDK Manager を起動します。SDK Manager を起動するボタンは、標準ではツールバーの右端にあります。

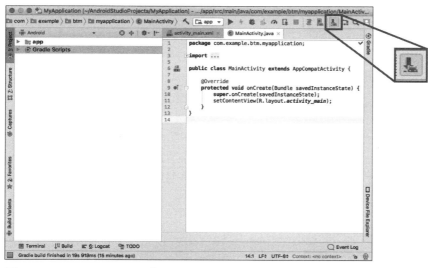

図03-42　SDK Manager のボタン

SDK Managerが起動したら、「SDK Platform」タブで「Android 6.0」にチェックを入れ、さらに「Show Package Details」にチェックを入れ、Android 6.0の下層にある次の項目を選択します（図03-43）。

・Google APIs
・Android SDK Platform 23
・Intel x86 Atom_64 System Image
・Google APIs Intel x86 Atom_64 System Image

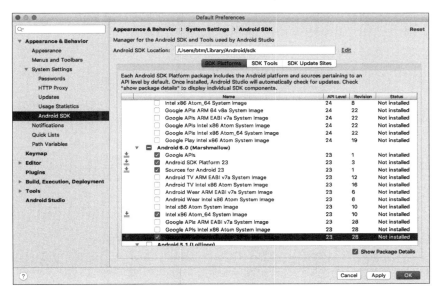

図03-43　SDK Platformタブ

選択して「OK」を押すとライセンスの確認画面が表示されるので、「Accept」にチェックし、「Next」を押します。

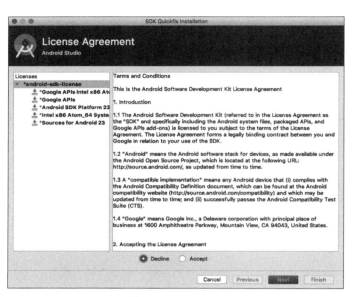

図03-44　ライセンスの確認

インストールが完了したらSDK Managerでの作業は終了です。

次に ADV Managerを起動します。ADV Managerにアクセスするボタンは、標準ではSDK Managerの左隣にあります。

3-1 | Androidエミュレータのセットアップ

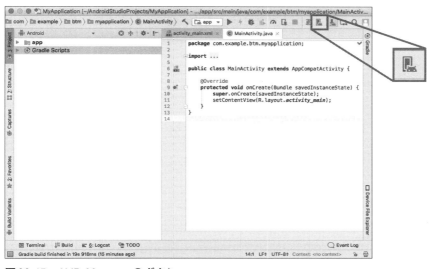

図03-45　AVD Managerのボタン

　ADV Managerを最初に起動すると、次のような画面が表示されます。まずは「Create Virtual Device...」ボタンを押し、エミュレーションする「Android Virtual Device (AVD)」を作成していきます。

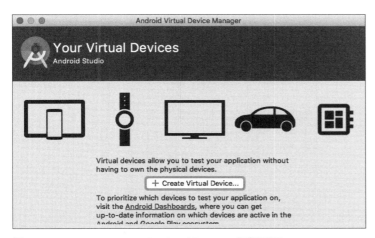

図03-46　Android Virtual Device Manager 初期画面

　まずはエミュレーションするハードウェアを選びますが、初期状態で「Nexus 5X」が選択されているので、今回はそのままこれを選択して「Next」を押して進めます。

055

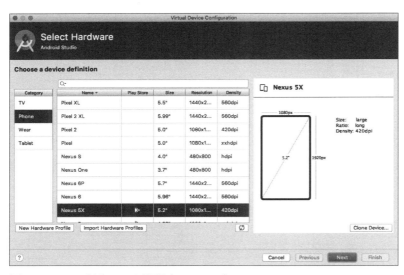

図03-47　ハードウェアの選択（Nexus 5X）

システムイメージの選択画面になります。今回は先ほどSDK Managerでダウンロードしたイメージを使います。「x86 images」タブを選択して、「Android 6.0 (Google APIs)」を選択して「Next」を押します。

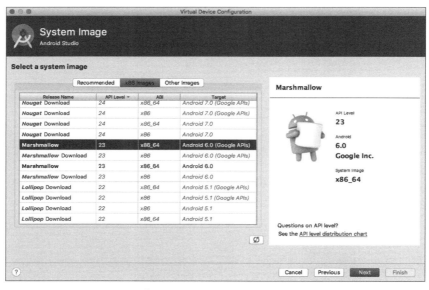

図03-48　システムイメージの選択

なお、Linuxでは次に示した図のように、「Recommendation」（勧告）として「/dev/kvm device: permission denied」という表示がされる場合があります。

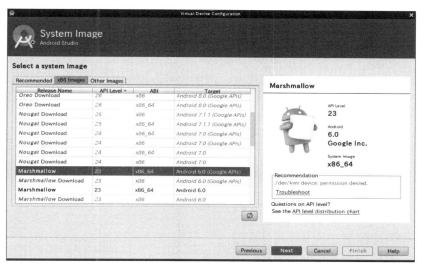

図03-49　Linuxでの勧告

この場合は、/etc/groupファイルにkvmグループがあるのを確認した上で、コマンド03-06のように入力してkvmグループにユーザーを追加します。

コマンド03-06　kvmグループにユーザーを追加
```
$ sudo usermod -aG kvm $USER
```

なお、ユーザーの追加はすぐに反映されないので、いったんマシンを再起動してから再度Android StudioおよびADV Managerを起動するとよいでしょう。

最後に確認画面が表示されます。この画面では、AVDに任意の名前を付けたりAndroidエミュレータのメモリサイズなどを変更したりできますが、今回はこのまま「Finish」を押します。

図03-50　Verify Configuration

しばらく待つとエミュレータの作成が完了し、次の図のような画面になります。

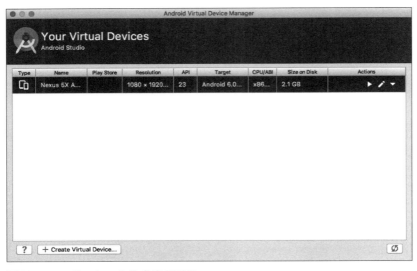

図03-51　エミュレータ作成後の画面

「Actions」の欄にある再生ボタンを押すと、次のように設定したエミュレータが起動します。

図03-52　エミュレータの起動

3-2 iOSシミュレータのインストール

　macOSでは、iOSシミュレータによる動作確認が可能です。iOSシミュレータはAppleの統合開発環境である**Xcode**に付属しています。

　まずは、App Storeアプリを起動して、「xcode」を検索してXcode自体をインストールします。

図03-53　App Store

　Xcodeのインストールが完了したら、起動させます。そうすると、必要なコンポーネントをインストールするかどうかを確認されるので、「Install」を押してインストールします。

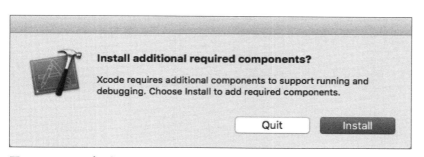

図03-54 コンポーネントのインストール

コンポーネントのインストールが完了したら、iOSシミュレータの導入は終了です。

3-3 Expoの確認用プロジェクトと開発サーバの起動

では、試しにExpoのテスト用プロジェクトを作成してみましょう。次のように、PowerShell（コマンドプロンプト）やターミナルでexpoコマンドを実行します。

```
コマンド03-07　Expoのテスト用プロジェクトを作成
$ exp init TestProject
```

次に、CUIでどのテンプレートを利用するかを確認されるので、最初に選択されている「blank」を選択します。

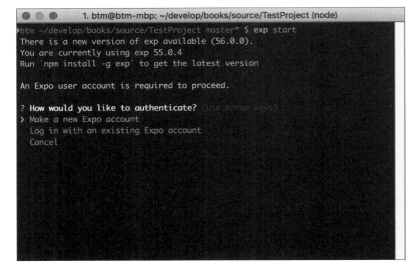

図03-55　Expoで利用するテンプレートの選択

TestProjectディレクトリにExpoで必要なファイル一式が作成されます。
次に、プロジェクトのディレクトリでexp startコマンドを実行します。

コマンド03-08　Expoのテスト用プロジェクトの開発サーバを起動
```
$ cd TestProject
$ exp start
```

　Expoのアカウントを聞かれるので、カーソルを動かして「Log in with an exisiting Expo account」を選択し、作成しておいたExpoのアカウントでログインを行います[※2]。ログインが確認されると開発サーバが起動します。あとは、それぞれの環境から接続を行います。

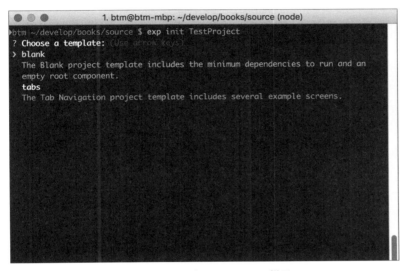

図03-56　exp startでアカウントを確認されている様子

[※2] exp 56.0から、ログインしていない状態でも動作するようになったようです。ただし、ログインしておくとExpoのアプリなどとの連携が取りやすいので、代わりにexp loginコマンドでログインをしておいたほうがよいでしょう。

3-4 ExpoでAndroidエミュレータの確認

Androidエミュレータで確認する場合は、先にも述べたように、前もってAndroid StudioからAndroidエミュレータ自体を起動しておく必要があります。

そして、PowerShellやターミナル上でテスト用プロジェクトに移動し、exp androidコマンドを実行します。

コマンド03-09　Androidエミュレータの起動
```
$ cd TestProject
$ exp android
```

exp androidコマンドは、Androidエミュレータ内にExpoクライアントのインストールを行い、Expoクライアントは開発サーバに接続します。このとき、Androidエミュレータ内でExpoクライアントが自動的に起動し、まずパーミッションを設定することが求められます。このパーミッションはReact Nativeアプリケーションを独立して動作させるかどうかというものです。

図03-57　Expo クライアントパーミッション確認

読み込み後に図03-57以外の画面が表示されてエラーメッセージがあった場合、Expoのバージョンが古い可能性があります。その際には、Androidエミュレータ上でExpoクライアントのアンインストールを行い、再度exp androidを実行します。
　では、「OK」を押して、パーミッションを有効にします。このボタンを押すと、実際にパーミッションを有効にするための設定画面が表示されます。

図03-58　Expo クライアントパーミッションのダイアログ

このスイッチをオンにして、戻るボタンを押すとアプリケーションが表示されます。

1. Onにする
2.「戻る」ボタンを押す

図03-59　AndroidエミュレータによるExpoのアプリケーションの起動確認

これで、Androidエミュレータの起動が確認できました。

3-5 iOSシミュレータでの確認

iOSシミュレータの起動は、Xcodeを開かずに行うことができます。
プロジェクトのディレクトリ内で、次のコマンドを実行します。

コマンド03-10　iOSシミュレータの起動
```
$ cd TestProject
$ exp ios
```

ここでしばらく待つと、iOSシミュレータ内にExpoクライアントが自動的にインストールされ、Expoクライアントが自動的に読み込みを行います。

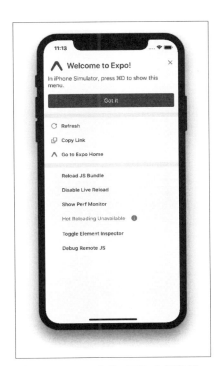

図03-60　Expoクライアント起動後

読み込み後に図03-60以外の画面が表示されてエラーメッセージがあった場合、Expoのバージョンが古い可能性があります。その際には、iOSシミュレータ上でExpoクライアントのアンインストールを行い、再度exp iosを実行します。

起動後のExpoクライアントでは、右上の×ボタンを押してアプリに移動します。

図03-61　Expoクライアントアプリケーションの表示

これで、iOSシミュレータでの動作確認ができるようになりました。

3-6 Expoのネットワークについて

　実機での接続チェックの前に、Expoで用意している3つのネットワーク接続について説明しておきましょう。Expoは、「Localhost」「LAN」「Tunnel」という3つのネットワーク接続をサポートしています。
　Localhostは同一ホスト内のみの接続です。そのため、エミュレータ／シミュレータの専用のモードといえます。Localhostでの接続を行うには、exp startのオプションとして--localhostを指定します。

コマンド03-11　localhostモード
```
$ exp start --localhost
```

　LANは、同一のLAN内にある実機と無線LANによって接続するモードです。もちろん、エミュレータ／シミュレータでも利用可能です。LAN接続を行うには、exp startのオプションとして--lanを指定します。

コマンド03-12　LANモード
```
$ exp start --lan
```

　Tunnelは、expo.ioのサイトを通して接続を行うモードです。このモードはLAN内でのマシン同士の接続が制限されているような環境で利用します。たとえば、筆者は喫茶店などでこのモードを使って開発を行っています。Tunnel接続を行うには、exp startのオプションとして--tunnelを指定します。

コマンド03-13　Tunnelモード
```
$ exp start --tunnel
```

　なお、接続モードによる速度は、「Localhost > LAN > Tunnel」の順で変わります。Localhost接続とLAN接続はそれほど速度に違いはありませんが、Tunnelモードはネットワークを大きく迂回するため、極端に遅くなります。そのため、速度を求めるのであれば、ネットワークの設定を見直して、最低でもLANモードで開発できるようにしておくとよいでしょう。

3-7 実機での確認

　実機で確認を行う場合はネットワーク経由で接続が必要なので、ExpoをLANモードもしくはTunnelモードで起動を行います。

3-7-1　Androidの実機での確認

　Androidの実機で確認を行う場合は、まずは**Gppgle Play**から「Expo」で検索してExpoアプリをインストールします。

図03-62　PlayストアからExpoアプリをインストール

　インストールしたExpoアプリを起動し、「Scan QR code」を選択してカメラを起動します。exp startを実行したあとに表示されるQRコード（図03-63）をスキャンするとアプリのロードが開始されます。

図03-63　exp startで表示されるQRコード

　なお、ExpoアプリのQRコードリーダの精度が悪く読み取れない場合があります（QRコードを表示するモニタによっても読み取りにくい場合もあります）。そういったときには、別のQRコードリーダアプリを使ってQRコードを読み取り、クリップボードに保存します。その状態でExpoアプリを起動すると「Scan QR Code」の下に「Open from Clipborad」というメニューが増えるので、それをタップするとアプリのロードが開始されます。

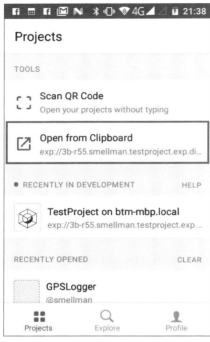

図03-64　Open from Clipboardに追加された例

3-7-2　iOSの実機での確認

　iOSの実機で確認を行う場合は、まずiPhoneなどの本体にApp StoreからExpoアプリをインストールします。

図03-65　AppからExpoアプリをインストール

　iOSのExpoアプリは、Androidと違ってQRコードで読み込む機能自体が廃止されています。そのため、exp sendというコマンドを使ってexpのURLを送信します。exp sendの引数はiOS端末のメールアドレスか、SMSの番号となります。SMSで送る場合は、必ず+81と日本の国番号を付ける必要があることに注意してください。

コマンド03-14　exp sendコマンドの実行

```
$ cd TestProject
$ exp send -s +81-90-xxxx-xxxx
```

　SMSで受信すると、exp://から始まるURLが表示されるので、そのリンクをタップします。すると、Expoアプリが起動します。
　なお、これ以外にも、iOSであればexp startの後に表示されるURLをコピーし、メモアプリを使ってiCloud共有でリンクを共有するという方法もあります。筆者は、こうすることによって、わざわざexp sendコマンドを使うことを避けています。

3-8 Expoの動作モード

Expoでは**動作モード**を呼び出すことで、Expo自体のモードを切り替えたり、手動で開発サーバの JavaScript（「**JS Bundle**」と呼びます）を再読み込みしたりといったことができます。

モードの切り替えは、Androidシミュレータでは Ctrl + m を押すことで呼び出すことができるとなっていますが、筆者の環境ではうまく動作しません。そこで、adbコマンドを代替として利用しています。

コマンド03-15　adbコマンドでキーイベントを発行
```
$ adb shell input keyevent 82
```

モードの呼び出しを行うと、次の図のように、モードの選択のダイアログが表示されます。

図03-66　Androidシミュレータでのモード呼び出し

iOSシミュレータでは、⌘+dを押すことで呼び出しが可能です。

図03-67　iOSシミュレータでのモード呼び出し

AndroidおよびiOSの実機では、呼び出しのためにコマンドなどが使えないので、代わりに本体をシェイクします。そうすることで、モードのダイアログや選択画面が表示されます。

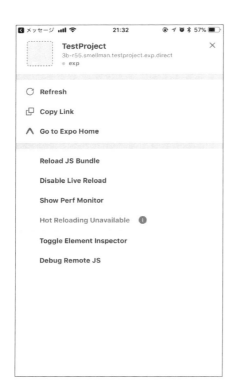

図03-68　実機を振ってモードを選択

　それでは各モードについて説明していきましょう。なお、AndroidとiOSで若干名前が異なることに注意してください。

3-8-1　Reload ／ Reload JS Bundle

　このモードは、Expoの開発サーバから手動でJavaScriptを再度ダウンロードしてアプリを再起動をします。何かしら不具合が合って最初からやり直す場合に使いますが、**Live Reload**機能を使っているのであれば、あまり使うことはないでしょう。

3-8-2　Live Reload

　Live Reloadは、アプリのソースコードを書き換えたときに自動的にリロードを行う機能で、モード画面ではこの機能のオンオフが行えます。

　なお、macOSをホストとして動かしている場合はwatchmanというプログラムが必要になります。簡単にインストールを行うにはHomebrewからインストールを行います。

コマンド03-16　watchmanをインストール

```
$ brew install watchman
```

3-8-3　Toggle Inspector／Toggle Element Inspector

Inspectorは画面の要素をグラフィカルに表示するための機能です。

図03-69　Insepctor

　Inspectorを有効にすると、画面に配置されている各要素がどのような大きさで配置されているかや、要素の階層などを調査することができます。Firefoxの「開発ツール」のインスペクターやGoogle Chromeの「デベロッパーツール」のElementsのReact Native版だと考えると、雰囲気がつかめるでしょう。

　複雑なUIを構成したときに特に役に立つ機能なので、UIに関連して困ったことがあれば、まずこの機能を有効にして調査をしてみるとよいでしょう。

3-8-4 Debug JS Remotely ／ Debug remote JS

Debug JS Remotely ／ **Debug remote JS**は、Google Chromeを介してJavaScriptのデバッグを提供する機能です。機能を有効にすると、Google Chromeの新しいタブが開きます。

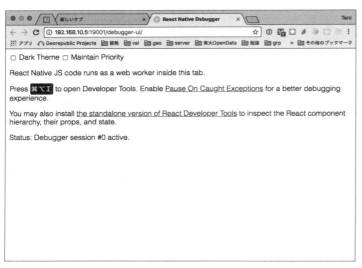

図03-70　Debug JS Remotelyを有効化

　開いたタブからデベロッパーツールを表示すると、実際にデバッグができるようになります。そのメリットの1つは、`console.log`の内容がConsoleタブに表示されるようになることでしょう。

　また、ステップ実行も可能になることも大きなメリットです。Sourceタグから`debuggerWorker.js`を開き、`exp://`で始まるURLのIPアドレスを選択し、その中にあるプログラムのパス内の`App.js`を開きます。その上で、ソースコードの任意の点でブレークポイントをセットし、モードの選択から「Reload」を選択すると、そのポイントで停止します（図03-71）。

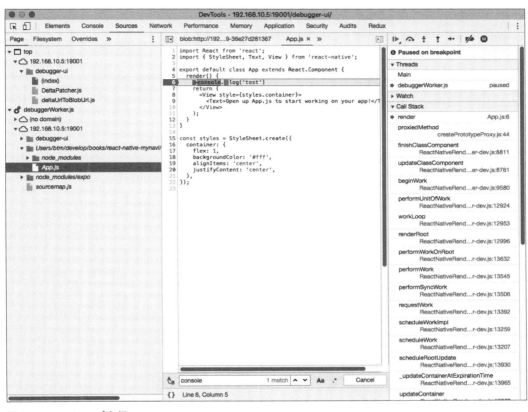

図03-71　ステップ実行

JavaScriptのデバッグ機能はかなり役に立つので、ぜひ活用してください。

3-9 エディタを選ぶ

次章から実際にコードを書いていきますが、その前にReact Native開発に適したエディタを紹介しておきましょう。基本的にはUnicodeが正しく扱えれば問題はありませんが、現在ではSyntaxハイライトやコード補完などの高度な機能な利用できるエディタが普及しています。

ここでは、**Atom**と**Visual Studio Code**の2つについて簡単な設定を紹介します。

3-9-1 Atom

Atomは、GitHubが開発しているオープンソースのエディタで、Windows／macOS／Linuxのマルチプラットフォームに対応しています。

● Atom
https://atom.io/

図03-72　Atom公式サイト

豊富なプラグインによる拡張が特長で、非常に柔軟性に富んだエディタです。とはいえ、後述するVisual Studio Codeも同じような機能やカスタマイズ性を持つエディタなので、どちらかを好みで選ぶとよいでしょう[※3]。

AtomでReact Nativeアプリケーションの作成を行う場合は、JavaScript開発のためのプラグインの**language-javascript-jsx**パッケージ[※4]をインストールしておくとよいでしょう。筆者は、これで十分に開発ができています。

また、Atomではシェルとの統合機能があります。この機能を導入しておけば、簡単にプロジェクトをAtomから開くことができます。インストールを行うには、Atomのメニューから「Install Shell Commands」を選択します。そうすることでプロジェクトとして開くことができるようになり、関連する各ファイルに簡単にアクセスが可能になるのでお勧めです。

コマンド03-17　プロジェクトとしてAtomで開く
```
$ cd TestProject
$ atom .
```

3-9-2　Visual Studio Code

Visual Studio Code（VSC）は、Microsoftが開発を行っているオープンソースのエディタです。Windowsだけではなく、macOS／Linuxにも対応しています。

- Visual Studio Code
  https://code.visualstudio.com/

※3　筆者は、開発ではAtomをメインに、Visual Studio Codeをサブに、執筆にはEmacsを利用しています。
※4　https://atom.io/packages/language-javascript-jsx

図03-73　Visual Studio Code公式サイト

　Atomと同様に拡張機能が豊富ですが、開いたプロジェクトに応じて適切なパッケージを勧めてくれるなど、パワフルながら非常にフレンドリーなエディタとして、最近はユーザーが増加しています。また、Microsoftの統合開発環境の**Visual Studio**でお馴染みの**インテリセンス（IntelliSense）**という強力なコード補完機能、機能拡張によるPowerShellとの統合、外部ツールと連携した処理の自動化など、スクリプトコーディングのための機能が充実しています。

　Visual Studio CodeでReact Nativeアプリケーションを作成を行う際には、**React Native Tools拡張機能**をマーケットプレイスからインストールしておくとよいでしょう。

　Visual Studio Codeにもシェルとの統合機能があります。Atomと同様に、簡単にプロジェクトとしてエディタを開くことができるようになります。導入するには、メニューからコマンドパレットを起動して、「Shell」と検索すると「Install 'code' command in PATH」という項目があるので、それを選択します。

コマンド03-18　プロジェクトとしてVisual Studio Codeで開く
```
$ cd TestProject
$ code .
```

3-9-3　EditorConfig

　AtomやVisual Studio Codeを含むどんなエディタでも使える「**EditorConfig**」という仕組みについても紹介しておきましょう。

- EditorConfig

  https://editorconfig.org/

図03-74　EditorConfig公式サイト

　EditorConfigは、エディタのインデントなどを共通化するためのファイルです。最近は、共同作業を行う際には必須の機能といってもよいでしょう。EditorConfigを使うには、プロジェクトのトップに.editorconfigというファイルを作成し、設定を行います。EditorConfig自体の設定例は公式サイトを参照してください。

　その上で、各エディタ側でEditorConfigのパッケージや拡張機能をインストールします。なお、Atomでは一度プロジェクトで.editorconfigファイルを開かないとインデントの値などが反映されないことがあるので注意してください。

Column　Expoの新しいコマンドラインツール

　現在、Expoはexpコマンドに代わる、新しいコマンドラインツールの開発を行っています。この新しいコマンドラインツールは、基本的な機能はexpコマンドと同じながら、大きな改良点が加わっています。

- expコマンドからexpoコマンドへ名前の変更
- expコマンドではexp startとは別のターミナルで実行しなければならなかったexp android ／ exp ios ／ exp sendなどのコマンドをexpo startと同じターミナル上から実行できるように改良
- expo startと同時にExpo Developer Toolという新しいGUIのツールをブラウザ上で開くようになった

　実際に試すには、次のコマンドでインストールをします。

```
$ npm install -g expo-cli
```

では、新しいプロジェクトを作成して動かしてみましょう。

```
$ expo init TestProject
$ cd TestProject
$ expo start
```

ターミナルでは、従来と同様にQRコードなどが表示されますが、メッセージの中にいくつかキーボードショートカットの説明が追加されているのがわかるかと思います。

expo startの結果

キーボードショートカットは、次のようなものがサポートされています。

- ⓐ：Androidエミュレータの起動（exp androidと同じ）
- ⓘ：iOSシミュレータの起動（exp iosと同じ）
- ⓔ：emailかSMSでリンクを送る（exp sendと同じ）
- ⓘ：すべてのショートカットキーを表示

また、Webブラウザ上では**Expo Developer Tool**の画面が表示されます。

Expo Developer Tool

　Expo Developer Toolでは、Androidエミュレータ／iOSシミュレータの起動などのほかに、コネクションモードを動的に変更する機能も追加されています。expコマンドでコネクションモードを変更するときはexp startコマンドにオプションとして渡す必要がありましたが、これをGUIで行うことができるようになっており、非常に便利になっています。

　執筆時点ではベータ版ですが、非常に使い勝手がよくなっているので、正式リリースが出たらぜひ乗り換えてみてください。

第4章

TODOアプリで学ぶ
初めてのReact Native

本章では、TODOアプリの開発を通してReact Nativeの基本を学んでいきます。このTODOアプリは、ラフスケッチをもとに雛形を作成し、それをベースに作成していきます。また、本章で構築したTODOアプリは第6章と第7章で拡張していき、React Nativeの応用を学んでいきます。

4-1 作成準備

今回作成するアプリは、次のようなラフスケッチを元に作成していきます。このようにキレイに作らなくても、手書きやお絵描きツールなどでフリーハンドで描いた本当にラフなもので構いません。

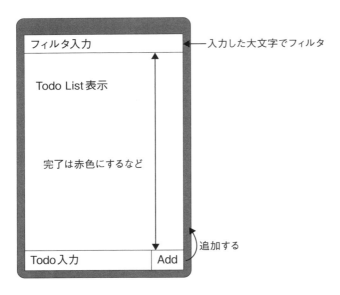

図04-01　ラフスケッチ

最初に、次のようにexp initを実行してアプリケーションの雛形を作成します。

コマンド04-01　アプリケーションの雛形作成
```
$ exp init TodoApp
```

template typeはblankを選択します。この状態でアプリケーションのディレクトリに移動してexp startを実行します。

コマンド04-02　アプリケーションの起動

```
$ cd TodoApp
$ exp start
```

このあと、exp androidやexp iosを実行して、エミュレータ／シミュレータ上で動作を確認しながら編集していきます。

コマンド04-03　シミュレータの起動

```
$ exp android
$ exp ios
```

まず最初にApp.jsを編集していきます。雛形となるテキストが中央に配置されているので、そのままでスタイルを調整して右上から配置されるようにします。ただし、そのままだとステータスバーにテキストが被ってしまうので、ステータスバーの分だけ高さ調整を行います。なお、iPhone Xではまだ高さが被りますが、それについては後述します。

リスト04-01　App.js　tag:4-1-1

```javascript
import React from 'react';
// 1: StatusBarとPlatformをimport対象に追加
import { StyleSheet, Text, View, StatusBar, Platform } from 'react-native';

// 2: 高さの判断をして値を設定
const STATUSBAR_HEIGHT = Platform.OS == 'ios' ? 20 : StatusBar.currentHeight;


export default class App extends React.Component {
  render() {
    return (
      <View style={styles.container}>
        <Text>Open up App.js to start working on your app!</Text>
      </View>
    );
  }
}

const styles = StyleSheet.create({
  container: {
```

```
20      flex: 1,
21      backgroundColor: '#fff',
22      // 3：paddingTop にステータスバーの高さを指定して下にずらす
23      paddingTop: STATUSBAR_HEIGHT,
24      // 4：使わないスタイルを削除する
25  //    alignItems: 'center',
26  //    justifyContent: 'center',
27    },
28  });
```

　ステータスバーの高さは、AndroidではStatusBar.currentHeightから取得できますが、iOSではundefinedが返却されてしまって機能しないため、Platform.OSを利用してOSの判定を行って対応します。まず、StatusBarとPlatformをimportに追加してプログラム内で利用できるようにします（リスト04-01:2）。次に、Platform.OSの値から高さの判断を行います（リスト04-01:5）。iosで20という高さの値を使うのは、慣例のようなものだと思って構いません。実際にはステータスバーの高さを返すAPIはありますが、React Nativeでは現在は提供されていません。なお、代替手段としてはViewの代わりにSafeAreaViewを使う方法が用意されています[※1]。

● SafeAreaView - React Native
https://facebook.github.io/react-native/docs/safeareaview.html

　そして、styles.containerにpaddingTopを追加し、定数として用意したSTATUSBAR_HEIGHTを与えることでステータスバーの高さを確保するようにします（リスト04-01:22）。

　最後に、もともと中央寄せに使っていたalignItemsとjustifyContentをコメントアウトし、右上から配置されるようにします（リスト04-01:24）。alignItemsとjustifyContentは**Flexレイアウト**で使われるもので、次の章で詳細に説明します。

※1　今回、SafeAreaViewを使わなかったのは、React Native v0.50から採用された比較的新しいコンポーネントであるため、サンプルコード作成中には気が付かずに進めてしまったためです。

4-2 import

ここで、importとconst、そしてReactのComponentとrender()関数について説明しておきましょう。

importは**ECMAscript 2016**で定義された外部モジュールやスクリプトで、exportされたオブジェクトや関数を取り込むための仕組みです。

リスト04-01では、reactパッケージからReactオブジェクト（リスト04-01:1）を、react-nativeパッケージからViewやTextなどのUIパーツを（リスト04-01:3）取り込んで使えるようにしています。

また、React.ComponentではReactオブジェクト配下を参照していますが、次のようにしても使うことができます。

リスト04-02　importの例

```
import React, { Component } from 'react';
...
export default class App extends Component {
...
```

Reactがexport defaultとしてreactパッケージ内で定義されているのに対して、Componentはexportされているだけなので{ Component }と明示的に指定する必要があるわけです。

同じように、react-nativeの場合はすべてのUIパーツがexportされているだけなので、{}で囲んで取り込みをしています。

なお、importをする際にasキーワードを使って短縮形の名前を利用したり、モジュールのコンテンツを一括でimportしたりすることができます。asキーワードの指定は、次のように行います。

リスト04-03　asキーワードでコンポーネント名を省略

```
import React, * as R from 'react';
import { View as V, Text as T, StyleSheet as SS} from 'react-native';

export default class App extends R.Component {
  render() {
    <V style={styles.container}>
      <T>Open up App.js to start working on your app!</T>
```

```
 8        </V>
 9      );
10    }
11  }
12
13  const styles = SS.create({
14    container: {
15      flex: 1,
16      backgroundColor: '#fff',
17      alignItems: 'center',
18      justifyContent: 'center',
19    },
20  });
```

その他の詳しい使い方については、MDN web docsのリファレンスを参照してください。

● import - JavaScript¦MDN
https://developer.mozilla.org/ja/docs/Web/JavaScript/Reference/Statements/import

---

Column　MDNの翻訳とコミュニティ

　MDN web docs（旧Mozilla Developer Network: MDN）には、Mozilla製品に関する開発者向け情報やHTML/JavaScriptのリファレンス情報が掲載されています。2017年にMicrosoftやGoogleが協力を表明しており、現在ではMSDN（Microsoft Developer Network）のHTML/JavaScriptのリファレンスがMDN web docsにリダイレクトされるようになっています。そのため、とりわけリファレンスについてはベンダーレスなものとして情報の集約化が進んでおり、翻訳もより重要になってきています。

MDN web docs (https://developer.mozilla.org/ja/)

MDN web docsでは、ドキュメントの日本語翻訳をボランティアベースで行なっています。日本のMozillaコミュニティは、現在はWebDINO Japan (旧Mozilla Japan) が中心となって運用しており、翻訳についてもGitHubやSlack上で翻訳のサポートや議論がコミュニティベースで行われています。

- Mozillaの翻訳コミュニティのレポジトリ
  https://github.com/mozilla-japan/translation/wiki

また、月一ペースでオフラインで翻訳を行うイベントを開催しており、翻訳についての相談なども気軽に行えるようになっています。

- Mozilla Japanコミュニティ
  https://mozilla.doorkeeper.jp/

筆者がオープンソースソフトウェア (OSS) の活動に参加するきっかけとなったのは、2000年にBugzillaについてのドキュメントを翻訳したことであり、これを機に多くの学びを得ました。当時は翻訳することで多くの知見を得られるというメリットを強く感じていましたが、共有することの重要さなども学びました。

翻訳は気軽に参加可能です。オープンソースソフトウェアの活動自体に興味があるけれど、参加のハードルが高いと感じてる人は、まずは気になるOSSの翻訳コミュニティを探して参加してみるとよいかもしれません。また、**オープンソースカンファレンス**のようなイベントに翻訳コミュニティが出展しているケースも多く、そういった場に参加してみるのもよいでしょう。

- オープンソースカンファレンス
  https://www.ospn.jp/

4-3 const / let / var

　JavaScriptの変数定義は、以前はvarのみが使われていましたが、varのスコープがグローバルのため、後述する**変数の汚染**がひどく、扱いづらいものがありました。そこで、現在ではローカルスコープを扱うletと定数を扱うconstが新たに定義されています。

　まずはvarとletの違いについてサンプルコードを見てみましょう。

リスト04-04　varとletのサンプル

```
function test() {
  var foo = "foo"
  let bar = "bar"
  let spam = "spam"
  if (true) {
    var foo = "foo2"
    bar = "bar2"
    let spam = "spam2"
  }
  console.log(foo) // foo2
  console.log(bar) // bar2
  console.log(spam) // spam
}
test()
```

　test()関数を実行すると変数fooとbarはそれぞれ上書きされますが、変数spamは上書きされません。

　この例では、varで定義したfooはif文の中で再定義されて、上書きされています。これが、いわゆる**変数の汚染**と呼ばれる問題です。

　bar変数はif文の上位のスコープで定義しているため、変更は可能です。spam変数はif文の中にも定義されていて、これはif文の外のspamとは別の変数として扱われます。これが、ローカルスコープの基本的な考え方となります。

　文の単位、今回ではfunctionとifの中でそれぞれ変数が影響を受ける範囲をコントロールできるのがlet文だと考えてください。

　なお、varは再定義可能ですが、letを同じスコープの中で定義すると例外が発生します。

リスト04-05　同じスコープで例外になる例

```
1  var foo = "foo"
2  var foo = "foo2" // OK
3  let bar = "bar"
4  let bar = "bar2" // NG
5  /*
6  Exception: SyntaxError: redeclaration of let bar
7  @Scratchpad/1:4
8  */
```

constはletと同じようにローカルスコープを扱いますが、さらに変更が不可能という制限を持ちます。

リスト04-06　constの例

```
1  const foo = "foo"
2  foo = "bar" //NG
3  /*
4  Exception: TypeError: invalid assignment to const `foo'
5  @Scratchpad/1:2:1
6  */
```

この性質を利用することで、予期せぬ値の変更を防ぐことができます。一般的に、このようなものを**定数**と呼びます。本書では基本的にvarを用いず、letとconstを使います。

4-4 Componentとrender関数

ここではReactのコンポーネントについて説明します。

今回作成しているApp.jsはReact.Componentを継承したクラスとして定義しています。これを**Class Component**と呼びます。Class Componentでは呼び出し元から渡されるpropsと状態を表すstateというオブジェクトを扱うことができ、またコンポーネント自身がライフサイクルを持ちます。

この中でライフサイクルの途中にあるのが、実際にレンダリングを実施するrender関数で、そこで定義した内容が画面に出力されることになります。

では、内容を書き換えたい場合はどうなるでしょうか。その場合はstateを変更するか、もしくは呼び出し元がpropsを別のものに変更する必要があります。なお、ExpoにおけるApp.jsはnode_modules/expo/AppEntry.jsから直接呼び出されているため、基本的にはpropsが変更になることはありません。したがって、stateの変更によって再度renderが呼び出されることになります。stateの変更とライフサイクルについては後ほど個別に説明しますが、App.jsでは基本的にstateの変更によって表示が変わるということは覚えておいてください。

次の実装を見ていきましょう。今度は各パーツの箱に相当する部分を先に作っておきます。

リスト04-07　App.js　tag:4-1-2

```js
import React from 'react';
import {
  StyleSheet,
  Text,
  View,
  StatusBar,
  Platform,
  ScrollView, // 1: スクロールビューのインポート
} from 'react-native';

const STATUSBAR_HEIGHT = Platform.OS == 'ios' ? 20 : StatusBar.currentHeight;

export default class App extends React.Component {
  render() {
    return (
```

```
16      <View style={styles.container}>
17        { /* 2: フィルタの部分 */ }
18        <View style={styles.filter}>
19          <Text>Filterがここに配置されます</Text>
20        </View>
21        { /* 3: TODOリスト */ }
22        <ScrollView style={styles.todolist}>
23          <Text>Todoリストがここに配置されます</Text>
24        </ScrollView>
25        { /* 4: 入力スペース */ }
26        <View style={styles.input}>
27          <Text>テキスト入力がここに配置されます</Text>
28        </View>
29      </View>
30    );
31  }
32 }
33
34 const styles = StyleSheet.create({
35   container: {
36     flex: 1,
37     backgroundColor: '#fff',
38     paddingTop: STATUSBAR_HEIGHT,
39   },
40   // 5: 追加したUIのスタイル
41   filter: {
42     height: 30,
43   },
44   todolist: {
45     flex: 1
46   },
47   input: {
48     height: 30
49   },
50 });
```

まず、render関数のreturnが返しているものに注目してください。<View>から始まるHTMLのタグのようなものを返しています。これは**JSX**というJavaScriptを拡張した構文です。

● Introducing JSX ¦ React
  https://reactjs.org/docs/introducing-jsx.html

　Reactでは、主にHTMLのタグで構成されたUIのコンポーネントをJSXで記述して返すようになっています。それに対してReact Nativeでは、主にreact-nativeからインポートしたUIのコンポーネントをJSXの構文で記述して返すようにしています。また、JSXはHTMLのタグとは違い、閉じタグを省略できないという点に注意してください。

　App.jsはアプリケーションのトップのコンポーネントなので、このrender関数が全体のUIの構成を決定していると考えてください。

　ここでは、トップのViewの中に2つのView（リスト04-07:17, 25）と1つのScrollView（リスト04-07:21）を追加しています。最初に配置を決定しておくと、あとで考えるよりも結果として手間を減らせることになります。

　なお、JSXではコメントは{ /* */ }という形で記述することができ、JavaScriptの埋め込みを利用してコメントを記述しています。ただし、次のようにコメントを入れることはできません。JSXではSyntax Errorとなります。

リスト04-08　JSXのコメントとして正しくない記述

```
1  render() {
2    return (
3      { /* これはエラー */}
4      <View style={styles.container}>
5        ...
6      </View>
```

　追加したUIのスタイル定義（リスト04-07:40）に注目してください。まず、filterおよびinputは、それぞれ高さが30と追加でスタイルを設定しています。そして、todoListはflex: 1という指定もしています。React Nativeでは、デフォルトで**Flexレイアウト**を使うようになっています。そのため、todoListのみにflex: 1を指定しておくことで、画面の大きさに合わせてfilterとinputから余った部分を自動的に埋めるわけです。

　TODOアプリは、デザイン上、画面は縦向きでも横向きでも問題ないように作成しています。そのため、画面を回転をした場合でもデザインが崩れないようになっています。なお、Expoでは最初に作成した段階で画面の向き（orientation）は縦（portrait）に固定されているため、画面の回転をサポートするためにはapp.jsonのorientationの値をdefaultに変更する必要があります。

　次に、TODOアプリにTODOリスト自体を追加していきましょう。

リスト04-09　App.js tag:4-1-3

```js
import React from 'react';
import {
  StyleSheet,
  Text,
  View,
  StatusBar,
  Platform,
  ScrollView,
  FlatList, // 1: FlatListを追加
} from 'react-native';

const STATUSBAR_HEIGHT = Platform.OS == 'ios' ? 20 : StatusBar.currentHeight;

export default class App extends React.Component {

  // 2: コンストラクタを定義
  constructor(props) {
    // 3: state を初期化
    this.state = {
      todo: [
        {index: 1, title: "原稿を書く", done: false},
        {index: 2, title: "犬の散歩をする", done: false}
      ],
      currentIndex: 2
    }
  }

  render() {
    return (
      <View style={styles.container}>
        <View style={styles.filter}>
          <Text>Filterがここに配置されます</Text>
        </View>
        <ScrollView style={styles.todolist}>
          { /* 4: FlatListを実装 */ }
          <FlatList data={this.state.todo}
            renderItem={({item}) => <Text>{item.title}</Text>}
```

```
38              keyExtractor={(item, index) => "todo_" + item.index}
39           />
40         </ScrollView>
41         <View style={styles.input}>
42            <Text>テキスト入力がここに配置されます</Text>
43         </View>
44       </View>
45     );
46   }
47
48 }
49
50 // stylesは省略
```

　FlatListは、リストを表現するために利用するコンポーネントです（リスト04-09:9）。FlatList以外にもリストを表現するコンポーネントにはListViewやSectionListがありますが、ListViewは廃止される予定[※2]であり、SectionListは今回の用途にはマッチしません。

　次に、コンストラクタを設定しています（リスト04-09:16）。コンストラクタの引数は、必ずpropsを指定し、かつ最初にsuper関数で継承元の関数を呼び出す必要があります。そして、そのあとでstateの初期化を行っています（リスト04-09:18）。ここではtodoというTODO自体の配列を示すものと、何番目までindexがあるかを示すcurrentIndexを含めたオブジェクトとして定義しています。

　最後に、ScrollViewの中にFlatListを実装しています（リスト04-09:35）。FlatListには、3つのプロパティを設定しています。dataプロパティは、リストで利用する変数を指定します。ここではthis.state.todoの値を利用しています。2つ目のrenderItemプロパティは、実際にリストで表示されるアイテムを指定します。ここでは関数を渡してdataの値を1つずつitemという値で取得し、表示自体は<Text>コンポーネントを使って表示を行っています。最後のkeyExtractorプロパティは、リストの1行ごとのkeyを指定するための関数を指定します。ここでkeyという概念が出てきましたが、**React**で使われる非常に重要な概念です。

※2　本書執筆時の段階では、まだ存在はしています。

4-5 Reactにおけるkeyとloop

Reactは、各コンポーネントのレンダリングをする際、コンポーネントごとにkeyという属性を内部的に所持しています。Reactでは、どのコンポーネントが追加、更新、削除をするかを決定するためにkeyの値を利用しています。ただし、ここまでは、FlatListを使うまでは意識することがありませんでした。なぜなら、loop使うことがなかったからです。

たとえば、<Text>コンポーネントでも、次のように配列で用意した場合、どうなるでしょうか。

リスト04-10　<Text>コンポーネントを配列で配置した例

```
render() {
  return (
    <View style={styles.container}>
      <Text>テスト</Text>
      { ["1", "2", "3"].map((item) => {
        return (<Text>{"アイテム：" + item}</Text>)
      })}
    </View>
  )
}
```

実は、次のように警告が出てきます。

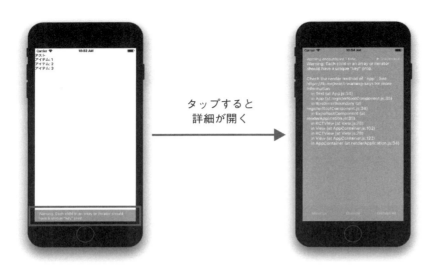

図04-02　keyの警告

ここでは、配列（array）またはiteratorを使う場合は、必ずkeyを指定するという警告が表示されています。したがって、次のように変更する必要があります。

リスト04-11　<Text>コンポーネントを配列で配置した例（keyを指定）

```
1   render() {
2     return (
3       <View style={styles.container}>
4         <Text>テスト</Text>
5         { ["1", "2", "3"].map((item) => {
6           return (<Text key={"item_" + item}>{"アイテム: " + item}</Text>)
7         })}
8       </View>
9     )
10  }
```

これで、各<Text>コンポーネントに対して、keyとして、それぞれitem_1、item_2、item_3と割り当てられることになります。それにより、それぞれのコンポーネントに一意にkeyが割り当てられることになり、配列を更新した場合でも必要な部分だけを扱えます。

なお、keyの値に、配列のindexを使うことは推奨されていません。なぜなら、配列の順序が変更になる場合、パフォーマンス上の問題を引き起こす可能性があるからです。リスト04-11の例でも、"1"と"2"を入れ替えてもパフォーマンス上の問題は発生しません。ちなみに、Reactではkeyがない場合にはindex

4-5 Reactにおけるkeyとloop

を標準で使うことから、その際には警告が出ます。詳しくはFacebookの公式ドキュメントを参照してください。

- Lists and Keys - React
  https://reactjs.org/docs/lists-and-keys.html#keys

では、これらのことを踏まえてkeyExtractorの関数の中身を見てみましょう。

リスト04-12　keyExtractor

```
1  keyExtractor={(item, index) => "todo_" + item.index}
```

ここでも、indexではなく、item.indexを使っています。this.stateの初期化で見たように、これらは一意の値をセットしているため、ほかのkeyとぶつからないようになっています。なお、keyExtractorの代わりにkeyを使うこともできますが、やや書き方が単調になっています。したがって、eyExtractorのような便利な仕組みがコンポーネント側に用意してあれば、積極的に使っていくとよいでしょう。

では、次にTODOの入力をサポートしましょう。

リスト04-13　App.js　tag:4-1-4

```
1  import React from 'react';
2  import {
3    StyleSheet,
4    Text,
5    View,
6    StatusBar,
7    Platform,
8    ScrollView,
9    FlatList,
10   // 1: TextInputとButtonとKeyboardAvoidingViewを追加
11   TextInput,
12   Button,
13   KeyboardAvoidingView,
14 } from 'react-native';
15
16 const STATUSBAR_HEIGHT = Platform.OS == 'ios' ? 20 : StatusBar.currentHeight;
17
18 export default class App extends React.Component {
```

```
19
20  constructor(props) {
21    super(props)
22    this.state = {
23      todo: [], // 2: TODOリストを空に
24      currentIndex: 0,
25      inputText: "", // 3: テキスト入力用の箱を用意
26    }
27  }
28
29  // 3: TODOリストへの追加処理
30  onAddItem = () => {
31    const title = this.state.inputText
32    if (title == "") {
33      return
34    }
35    const index = this.state.currentIndex + 1
36    const newTodo = {index: index, title: title, done: false}
37    const todo = [...this.state.todo, newTodo]
38    this.setState({
39      todo: todo,
40      currentIndex: index,
41      inputText: ""
42    })
43  }
44
45  render() {
46    // 4: View を KeyboardAvoidingView へ変更、振る舞いを padding に
47    return (
48      <KeyboardAvoidingView style={styles.container} behavior="padding">
49        <View style={styles.filter}>
50          <Text>Filterがここに配置されます</Text>
51        </View>
52        <ScrollView style={styles.todolist}>
53          <FlatList data={this.state.todo}
54            renderItem={({item}) => <Text>{item.title}</Text>}
55            keyExtractor={(item, index) => "todo_" + item.index}
```

```
          />
        </ScrollView>
        <View style={styles.input}>
          { /* 5: テキスト入力とボタンを追加 */ }
          <TextInput
            onChangeText={(text) => this.setState({inputText: text})}
            value={this.state.inputText}
            style={styles.inputText}
          />
          <Button
            onPress={this.onAddItem}
            title="Add"
            color="#841584"
            style={styles.inputButton}
          />
        </View>
      </KeyboardAvoidingView>
    );
  }
}

const styles = StyleSheet.create({
  container: {
    flex: 1,
    backgroundColor: '#fff',
    paddingTop: STATUSBAR_HEIGHT,
  },
  filter: {
    height: 30,
  },
  todolist: {
    flex: 1
  },
  input: {
    height: 30,
    flexDirection: 'row', // 6: 下にある要素を横に並べる
  },
```

```
 93    // 7: テキスト入力とボタンのスタイル
 94    inputText: {
 95      flex: 1,
 96    },
 97    inputButton: {
 98      width: 100,
 99    }
100  });
```

　まずはテキスト入力を行う`TextInput`コンポーネント、テキスト入力後に追加を行うためのボタンとなる`Button`コンポーネント、そしてテキスト入力時にテキスト入力欄が隠れないようにするための`KeyboardAvoidingView`コンポーネントを追加します（リスト04-13:10）。

　そして、`KeyboardAvoidingView`をトップの`View`と差し替えを行います（リスト04-13:46）。このとき、`behavior`プロパティ（振る舞い）を`padding`と設定ます。こうすることで、テキスト入力時にキーボードが現れる部分を内側の余白として扱うようになり、その分、画面全体が縮んでテキスト入力欄が隠れないようになります。

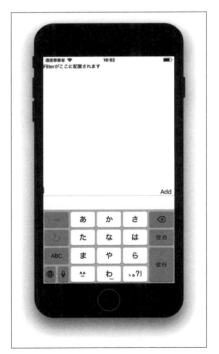

図04-03　KeyboardAvoidingViewの振る舞い

this.stateの値はTODOを空にして、テキスト入力時に値が入るinputTextを追加します（リスト04-13:23, 25）。そして、テキスト入力欄及びボタンを作成し（リスト04-13:59）、コメント入力欄のスタイルを調整し（リスト04-13:91, 93）、TODOリストへの追加処理を記述して（リスト04-13:29）完成です。この部分を掘り下げて見ていきましょう。

TextInputコンポーネントの使い方ですが、ここではonChangeTextプロパティとvalueプロパティの2つを使ってテキストの入力自体をサポートします。

onChangeTextは、文字の入力時に実行される関数を指定します。ここでは入力されたテキストをthis.state.inputTextの値に置き換えるため、{(text) => this.setState({inputText: text})}という短い関数を渡しています。この関数が{(text) => this.state.inputText = text}ではないことに注目してください。

ここで、Reactで重要なsetState関数について説明しましょう。

4-6 setState関数

前述したように、Reactにはpropsとstateという状態を表す2つの概念があります。そのうち、stateはコンポーネントの中で定義され、その状態を示すものとして使われます。そして、この状態がいつ変更されたのかということを検知する仕組みがsetState関数です。

この関数を通して、コンポーネントは状態が変更されたことを検知でき、それに応じてrender関数を再度呼び出すかどうかを決定できます。なお、setStateで更新をしたからといって、必ずrender関数が呼び出されるわけではありません。これについては、Reactのライフサイクルの説明で解説します。

さて、いったん戻って、今度はvalueプロパティを見てみましょう。こちらはthis.state.inputTextを渡すようになっており、次に述べる追加ボタンの処理に関係しています。

追加ボタンのコンポーネントでは、titleプロパティはボタンのタイトルを、colorプロパティはボタンの色を指定しています。onPressプロパティは、ボタンを押したときに実行される関数を指定します。ここではthis.onAddItemを指定しています。

では、this.onAddItemの実装を詳しく見てみましょう。

リスト04-14　onAddItemの実装

```
onAddItem = () => {
  const title = this.state.inputText
  if (title == "") {
    return
  }
  const index = this.state.currentIndex + 1
  const newTodo = {index: index, title: title, done: false}
  const todo = [...this.state.todo, newTodo]
  this.setState({
    todo: todo,
    currentIndex: index,
    inputText: ""
  })
}
```

まず注目して欲しいのが関数の定義の仕方です。この記法自体は、次に示したのと同じような解釈となります。

リスト04-15　関数定義とbind

```
constructor(props) {
  ...
  this.onAddItem.bind(this)
}

onAddItem() {
  ...
}
```

これは**Babel**というJavaScriptのプログラムを変換する仕組みを利用して実現しています。

● Bable公式サイト
https://babeljs.io/

　Babel自体は、旧来のWebブラウザで、次世代以降のJavaScriptの標準的な機能を使えるようにするための変換ツール（トランスコンパイラ）です。ECMAScript 5までしかサポートしていないWebブラウザなどに対して、ECMAScript 6の記法で書いたプログラムを変換してECMAScript 5で解釈させるといった用途で多く使われてきました。最近では、標準として採用される前の新しい記法を利用するためにも使われています。

　React Nativeでは、babel pluginを用いることで、標準でさまざまな記法に対応しています。先に紹介したJSX記法も、実はBabelを用いて実現しています。

　ここで取り上げているbindを簡略する記法はnode_modules/babel-plugin-transform-class-propertiesを利用して実現されています。

　では、this.onAddItemの中身を見ていきましょう。最初に、タスクのタイトルをthis.state.inputTextから取得し、空であれば何もしないようにしています。次に、新しいTODOのアイテムであるnewTodoを作成します。そして新しい配列を作成していますが、...this.state.todoという記法に注目してください。これは**スプレッド演算子**という記法で、配列に対して利用すると、配列から要素を取り出して簡単に新しい配列を作成できます。

●スプレッド構文 - JavaScript ¦ MDN
https://developer.mozilla.org/ja/docs/Web/JavaScript/Reference/Operators/Spread_syntax

たとえば、次のようにして配列を展開し、新しい配列を作ることができます。

リスト04-16　スプレッド演算子の例
```
1  var taro = ["Taro", "Matsuzawa"];
2  [...taro, "aka. btm", "(smellman)"].join(" ");
3  // Taro Matsuzawa aka. btm (smellman)
```

スプレッド演算子は、これ以外にも、関数に対して配列で引数を渡したり（apply関数の代わり）、Objectリテラルで新しいオブジェクトのコピーやObject.assign()の代わりに利用したりします。特にObjectリテラルに対する利用法はreduxでは頻繁に登場するため、reduxの説明の際に、再度解説します。

最後に、this.setState()を使って状態の書き換えを行います。このときにinputTextを空にしています。これによって、Inputコンポーネントのvalueプロパティによる値が新しい値としてセットされ、入力欄が空になります。つまり、このvalueプロパティの用途はsetStateで入力欄を空にするために用意していたということになります。

では、続いてスタイルの変更点を見てみましょう。

まず、flexDirection: 'row'で配置の方向を変更しています（リスト04-13:91）。これは、もともとflexDirectionの値がcolumnになっているため、ここまでこの値を変更してこなかったのは、ほかのコンポーネントはすべて縦に並ぶようになっていたからです。

そして、最後に入力欄とボタンを並べます。ボタンについては決め打ちで横幅を100としていて、残りを入力欄にするためにflex: 1を指定しています。

これでTODOの入力まで行えるようになりました。次はTODOを保存する処理を加えましょう。

> **Column** React NativeのiOSにおける日本語入力の問題
>
> 執筆時点のReact Nativeのバージョン（0.55.4）では、テキスト入力で日本語がうまく扱えないという問題があります。この現象は日本語入力システムにも依存しますが、少なくともiOS標準の日本語入力では問題があります。
>
> ・「か」という字をローマ字入力しようとすると「kあ」という文字になる
> ・フリック入力で漢字変換ができない
>
> パッチなどが投稿されていますが、**React Native 0.56-rc**でも対応ができていないという状態です。現状での

代替案としては、次のような方法があります。

1. **ATOK**や**GBoard**などの別の日本語入力システムを利用する
2. React Native 0.52などのバグがないバージョンに下げる
3. **workaround**を利用する

1.の方法は、iOS側の対処ではないため、根本的な対応ではありません。
2.の方法は、Expoであれば**Expo SDK 25**にバージョンを下げるという意味になります。現状では、この方法がもっともお勧めですが、ExpoのSDKはサポート期間があり、SDKのバージョンアップを行わないとサポートが切れてしまうので注意が必要です。React Nativeの日本語入力の対応状況については、サポートページで状況を整理していきます。
3.の方法は、React Native自体の修正ではなく、**workaround**と呼ばれるコンポーネントを応用して回避するという手段で、次のPull Requestのコメントでいくつかのworkaroundが紹介されています。

https://github.com/facebook/react-native/pull/18456

ただし、workaround自体は動作は保証されているものではなく、別のバグを引き起こす可能性もあります。
いずれにせよ、React Native自体の対応待ちという状態なので、作成するアプリケーションによってExpo SDKのバージョンを選ぶなどしてください。

リスト04-17　App.js　tag:4-1-5
```js
import React from 'react';
import {
  StyleSheet,
  Text,
  View,
  StatusBar,
  Platform,
  ScrollView,
  FlatList,
  TextInput,
  Button,
  KeyboardAvoidingView,
  // 1: AsyncStorageを追加
  AsyncStorage,
} from 'react-native';

const STATUSBAR_HEIGHT = Platform.OS == 'ios' ? 20 : StatusBar.currentHeight;
```

```
18  // 2: TODOを保持するKey/Valueストアのキーを定義
19  const TODO = "@todoapp.todo"
20
21  export default class App extends React.Component {
22
23    constructor(props) {
24      super(props)
25      this.state = {
26        todo: [],
27        currentIndex: 0,
28        inputText: "",
29      }
30    }
31
32    // 3: コンポーネントがマウントされた段階で読み込みを行う
33    componentDidMount() {
34      this.loadTodo()
35    }
36
37    // 4: AsyncStorageからTODOを読み込む処理
38    loadTodo = async () => {
39      try {
40        const todoString = await AsyncStorage.getItem(TODO)
41        if (todoString) {
42          const todo = JSON.parse(todoString)
43          const currentIndex = todo.length
44          this.setState({todo: todo, currentIndex: currentIndex})
45        }
46      } catch (e) {
47        console.log(e)
48      }
49    }
50
51    // 5: AsyncStorageへTODOを保存する
52    saveTodo = async (todo) => {
53      try {
54        const todoString = JSON.stringify(todo)
```

```
55       await AsyncStorage.setItem(TODO, todoString)
56     } catch (e) {
57       console.log(e)
58     }
59   }
60
61   onAddItem = () => {
62     const title = this.state.inputText
63     if (title == "") {
64       return
65     }
66     const index = this.state.currentIndex + 1
67     const newTodo = {index: index, title: title, done: false}
68     const todo = [...this.state.todo, newTodo]
69     this.setState({
70       todo: todo,
71       currentIndex: index,
72       inputText: ""
73     })
74     // 6: SaveTodoを呼んで保存をする
75     this.saveTodo(todo)
76   }
77   // 以下省略
```

まずは、データの保存に使うためのAsyncStorageAPI（コンポーネントではないことに注意）を呼び出せるようにし（リスト04-17:13）、TODOの保存を行うためのキーとなる値を設定しています（リスト04-17:18）。

次に、アプリケーションを起動して、Appコンポーネントがマウントされた段階で前の状態を読み込むためにcomponentDidMount()関数を実装します（リスト04-17:32）。この関数は、もともとReact.Componentで実装されており、それを上書きしています。superが必要ないのは、特にこの関数では実装がなく、Componentライフサイクルで必要となる空の関数となっているためです。

では、次節では、React.Componentのライフサイクルを見てみましょう。

4-7 React.Componentのライフサイクル

　React.Componentには、「Mounting」「Updating」「Unmounting」という3つのライフサイクルがあります。そして、それぞれで呼び出される関数があり、それらを自分で実装することで、コンポーネント自体のライフサイクルを操作できます。

　それぞれのライフサイクルを見ていきましょう。

　まずコンポーネントが呼び出されると、Mountingという動作を行います。Mountingでは、次の関数が順番に呼び出されます。

1. constructor(props)
2. static getDerivedStateFromProps(nextProps, prevState)
3. componentWillMount() ／ UNSAFE_componentWillMount()
4. render()
5. componentDidMount()

　コンポーネントのアップデートが必要になった場合は、Updatingという動作を行います。Updatingでは、次の関数が順番に呼び出されます。

1. componentWillReceiveProps() ／ UNSAFE_componentWillReceiveProps()
2. static getDerivedStateFromProps(nextProps, prevState)
3. shouldComponentUpdate(nextProps, nextState)
4. componentWillUpdate() ／ UNSAFE_componentWillUpdate()
5. render()
6. getSnapshotBeforeUpdate(prevProps, prevState)
7. componentDidUpdate(prevProps, prevState, snapshot)

　コンポーネントが破棄される時は、Unmountingという動作を行います。Unmountingでは、componentWillUnmount()のみが呼び出れます。

　では、各関数の説明をしていきましょう。

　constructor()は、前から実装しているコンポーネントのクラス自体のコンストラクタです。これについては、super()を実行することが必須です。あとは受け取ったpropsを処理します。stateの初期化も、

この段階で行います。

　static getDerivedStateFromProps(nextProps, prevState)は、staticと定義されています。つまり、同時にthisなどでほかの状態を確認することなく、propsとstateだけを扱うことになります。第一引数はnextPropsで、Mountingの段階では、コンストラクタに渡されたpropsが入っており、ほかのコンポーネントから呼び出されてプロパティが変更された場合（Updating）は新しいpropsが渡されます。第二引数はprevStateで、これは1つ前のstateと読み解けますが、実質的にはgetDerivedStateFromPropsが呼び出された段階でのstateです。この関数自体は、propsとstateを確認して、propsによってstateを書き換えるかどうかを決定します。書き換えが必要であれば、書き換え後のstateを作成し、その値を返します。書き換えが必要なければ、nullを返します。この関数を通すため、コンストラクタでstateは初期化しておくべきであると解釈してください。

　componentWillMount() ／ UNSAFE_componentWillMount()は、getDerivedStateFromPropsのあとに呼び出されますが、UNSAFEと付いていることからもわかるように、決して安全ではないため、処理はコンストラクタかgetDerivedStateFromPropsで行うようにしてください。なお、componentWillMountはReact 0.17で廃止されます。同様に、ほかのcomponentWillReceiveProps() ／ UNSAFE_componentWillReceiveProps()とcomponentWillUpdate() ／ UNSAFE_componentWillUpdate()もUNSAFEが付いていない関数は廃止され、また安全ではないため既存のプログラムを維持する以外では使わないことが推奨されています。本書では、これらの説明は割愛します。

　render()は実際の描画を扱う関数です。特に説明はいらないでしょう。

　componentDidMount()は、コンポーネントのMountingの処理がすべて完了した際に呼び出される関数で、コンポーネントで一度だけ呼び出されることになります。一般には、コンストラクタでstateの箱を作り、componentDidMount()から必要なデータを取得しにいくような処理を記述します。今回の実装でも、この関数からTODOの保存先から呼び出しを行うようにしています。

　shouldComponentUpdate(nextProps, nextState)は、コンポーネントのアップデートが必要かどうかを判断するための関数です。たとえば、TODO入力の途中で消すクリアボタンがあるとしましょう。その場合、this.setState({inputText: ""})と実装すればよいのですが、もしthis.state.inputTextがもともと空だったら、続くrender()を呼び出す必要はありません。そこで、falseをreturnし、Updatingの処理を途中で止めることができるようになっています。

リスト04-18　shouldComponentUpdateの例

```
1  shouldComponentUpdate(nextProps, nextState) {
2    // todoの比較をしないと初期化に失敗する
3    if (this.state.todo != nextState.todo) {
4      return true
5    }
6    // クリアボタンが連続で押されたケースではrenderしない
```

```
 7      if (this.state.inputText == "" && nextState.inputText == "") {
 8        return false
 9      }
10      return true
11    }
```

なお、forceUpdate()関数を呼び出した場合は、shouldComponentUpdate()は飛ばされることに注意してください。ちなみに、setState()を実行したあとに呼び出されるのはshouldComponentUpdate()からとなります。

getSnapshotBeforeUpdate(prevProps, prevState)はUpdatingの処理でrender()のあとに呼び出され、この関数でreturnされた値がcomponentDidUpdate(prevProps, prevState, snapshot)のsnapshotとして呼び出されます。よく使われるのはスクロールの制御で、たとえばリストを表示するビューがあった場合、リストが追加されたら新しいリストを表示するようにスクロールの位置を変更するといった使い方ができます。なお、この関数は**React 0.16.3**で追加されたので、利用するためには比較的新しいバージョンが必要です。

componentWillUnmount()は、Unmountingで唯一実行される関数です。この関数では、メモリリークを抑えるために参照の削除などを実装します。

では、続いてcomponentDidMountで呼び出されているloadTodoを見ていきましょう（リスト04-17:37）。

リスト04-19　loadTodoの実装
```
 1  loadTodo = async () => {
 2    try {
 3      const todoString = await AsyncStorage.getItem(TODO)
 4      if (todoString) {
 5        const todo = JSON.parse(todoString)
 6        const currentIndex = todo.length
 7        this.setState({todo: todo, currentIndex: currentIndex})
 8      }
 9    } catch (e) {
10      console.log(e)
11    }
12  }
```

asyncとawaitという新しい概念が出現しています。次節では、これらについて解説していきます。

4-8 JavaScriptの非同期処理

asyncとawaitは対になるキーワードで、JavaScriptにおける非同期処理を実現するものです。最近のモダンなWebブラウザでも実装されて徐々に使い始められていますが、まだ馴染みが薄い人も多いかもしれません。かつてJavaScriptで非同期処理を実装する場合は、setTimeoutを利用する必要がありました。しかし、近年ではPromiseという非同期処理を抽象化したオブジェクトと仕様がECMAScript 6から標準となり、普及してきました。

asyncとawaitは、実質的にはPromiseオブジェクトを扱う別の仕組みと考えてよいでしょう。実際に、AsyncStorage.getItem()が返すのはPromiseオブジェクトです。awaitはPromiseオブジェクトに対するthen関数への糖衣構文[3]のようなもので、asyncはawaitを使うために必要な宣言と考えてよいでしょう。なお、loadTodoをPromiseで置き換えた場合は、次のようになります。

リスト04-20　loadTodoをPromiseで置き換えた例

```
loadTodo = () => {
  AsyncStorage.getItem(TODO).then((todoString) => {
    const todo = JSON.parse(todoString)
    const currentIndex = todo.length
    this.setState({todo: todo, currentIndex: currentIndex})
  }).catch((e) => {
    console.log(e)
  })
}
```

さらにasyncを宣言として捉えた場合、次のように書くこともできます。

リスト04-21　loadTodoからasyncの宣言を省いた例

```
loadTodo = () => {
  (async () => {
    const todoString = await AsyncStorage.getItem(TODO)
    if (todoString) {
```

---

[3] まったく同じ処理を行うプログラムを、よりわかりやすい構文で書けるようにしたものです。

```
 5      const todo = JSON.parse(todoString)
 6      const currentIndex = todo.length
 7      this.setState({todo: todo, currentIndex: currentIndex})
 8    }
 9  })().catch((e) => console.log(e))
10 }
```

どの書き方がよいかは、それぞれの好みに依るところもあるので一概にはいえないのですが、Promiseはthenを使う分だけ少し単調になり、asyncを使った2つ目の書き方はコードの可読性がよくないので、本書では最初の書き方を通して使います。

なお、Promiseについて詳しく知りたい場合は、azu氏がクリエイティブコモンズ（CC BY-NC）のライセンスにて公開している『JavaScript Promiseの本』[※5]を参照するとよいでしょう。

さて、今度はloadTodoの中身を見ていきましょう。

まず、try...catch文の中で、AsyncStorage.getItem()をawait文を付けて呼び出します。先述したように、awaitはPromiseに対するthenの糖衣構文のようなものなので、thenで返されるオブジェクト（resolveされたオブジェクト）を返すようになります。ただし、Promiseにはcatch文がないため、代わりにtry..catchでエラーを捕捉します。AsyncStorageではテキストのみを扱うので、取得した文字列をJSONオブジェクトに変換してからsetState関数でセットします。

また、loadTodoと対になる関数がsaveTodoです（リスト04-17:51）。この関数についても見ていきましょう。

リスト04-22　saveTodoの実装

```
1 saveTodo = async (todo) => {
2   try {
3     const todoString = JSON.stringify(todo)
4     await AsyncStorage.setItem(TODO, todoString)
5   } catch (e) {
6     console.log(e)
7   }
8 }
```

saveTodoでは、this.state.todoと同じ値を渡し、オブジェクトを文字列に変換（JSON.stringify）してから、それをAsyncStorage.setItemでストレージに格納します。

※5　https://azu.github.io/promises-book/

最後にsaveTodoの呼び出し元を見てみましょう（リスト04-17:74）。

リスト04-23　saveTodoの呼び出し元
```
1  const todo = [...this.state.todo, newTodo]
2  this.setState({
3    todo: todo,
4    currentIndex: index,
5    inputText: ""
6  })
7  this.saveTodo(todo)
```

ここでは、todo変数をsetState関数に渡しているものと同じものを渡すようにしています。というのも、setStateも非同期で動作するため、tsetStateが並行して実行中の可能性があるのです。その場合、his.state.todoを渡してしまうと、まだ保存されていない状態のオブジェクトをsaveTodoに渡してしまうことになり、1つ前のオブジェクトを保存してしまいます。それを避けるための実装です。

では、次にフィルタ処理を記述していきます。これはシンプルです。

リスト04-24　App.js　tag:4-1-6
```
1  // 省略
2
3  export default class App extends React.Component {
4
5    constructor(props) {
6      super(props)
7      this.state = {
8        todo: [],
9        currentIndex: 0,
10       inputText: "",
11       // 1: filter用のテキストを追加
12       filterText: "",
13     }
14   }
15
16   // 省略
17
18   render() {
```

```
19      // 2: フィルター処理
20      const filterText = this.state.filterText
21      let todo = this.state.todo
22      if (filterText !== "") {
23        todo = todo.filter(t => t.title.includes(filterText))
24      }
25      return (
26        <KeyboardAvoidingView style={styles.container} behavior="padding">
27          <View style={styles.filter}>
28            { /* 3: フィルタ入力 */ }
29            <TextInput
30              onChangeText={(text) => this.setState({filterText: text})}
31              value={this.state.filterText}
32              style={styles.inputText}
33              placeholder="Type filter text"
34            />
35
36          </View>
37          <ScrollView style={styles.todolist}>
38            { /* 4: データをフィルタした結果となるように修正 */ }
39            <FlatList data={todo}
40              renderItem={({item}) => <Text>{item.title}</Text>}
41              keyExtractor={(item, index) => "todo_" + item.index}
42            />
43          </ScrollView>
44          <View style={styles.input}>
45            <TextInput
46              onChangeText={(text) => this.setState({inputText: text})}
47              value={this.state.inputText}
48              style={styles.inputText}
49              placeholder="Type your todo"
50            />
51            <Button
52              onPress={this.onAddItem}
53              title="Add"
54              color="#841584"
55              style={styles.inputButton}
```

```
56              />
57          </View>
58      </KeyboardAvoidingView>
59    );
60  }
61 }
62
63 // 省略
```

まず、フィルタ用のテキストを格納する箱としてfilterTextをstateに追加し（リスト04-24:11）、フィルタ用の入力欄を作成します（リスト04-24:28）。ここは、TODOの入力と同じです。

次に、フィルタ処理を実装します（リスト04-24:19）。ここでは、TODOのリストを取得し、this.state.filterTextに入力があった場合、配列に対してfilter関数を使って入力された文字と一致するTODOのみを取り出します。

そして、FlatListのdataプロパティをフィルタしたtodoに差し替えます。

では、最後にTODOのオンオフを実装します。

リスト04-25　App.js tag:4-1-7

```
1  import React from 'react';
2  import {
3    StyleSheet,
4    Text,
5    View,
6    StatusBar,
7    Platform,
8    ScrollView,
9    FlatList,
10   TextInput,
11   Button,
12   AsyncStorage,
13   KeyboardAvoidingView,
14   // 1: TouchableOpacityを追加
15   TouchableOpacity,
16 } from 'react-native';
17
18 const STATUSBAR_HEIGHT = Platform.OS == 'ios' ? 20 : StatusBar.currentHeight;
```

```
19  const TODO = "@todoapp.todo"
20
21  // 2: TODOアイテムの Functional Component
22  const TodoItem = (props) => {
23    let textStyle = styles.todoItem
24    if (props.done === true) {
25      textStyle = styles.todoItemDone
26    }
27    return (
28      <TouchableOpacity onPress={props.onTapTodoItem}>
29        <Text style={textStyle}>{props.title}</Text>
30      </TouchableOpacity>
31    )
32  }
33
34  export default class App extends React.Component {
35
36    // 省略
37
38    // 3: TODOリストをタップした時の処理
39    onTapTodoItem = (todoItem) => {
40      const todo = this.state.todo
41      const index = todo.indexOf(todoItem)
42      todoItem.done = !todoItem.done
43      todo[index] = todoItem
44      this.setState({todo: todo})
45      this.saveTodo(todo)
46    }
47
48    render() {
49      const filterText = this.state.filterText
50      let todo = this.state.todo
51      if (filterText !== "") {
52        todo = todo.filter(t => t.title.includes(filterText))
53      }
54      return (
55        <KeyboardAvoidingView style={styles.container} behavior="padding">
```

```jsx
        <View style={styles.filter}>
          <TextInput
            onChangeText={(text) => this.setState({filterText: text})}
            value={this.state.filterText}
            style={styles.inputText}
            placeholder="Type filter text"
          />
        </View>
        <ScrollView style={styles.todolist}>
          { /* 4: FlatListの修正 */ }
          <FlatList data={todo}
            extraData={this.state}
            renderItem={({item}) =>
              <TodoItem
                title={item.title}
                done={item.done}
                onTapTodoItem={() => this.onTapTodoItem(item)}
              />
            }
            keyExtractor={(item, index) => "todo_" + item.index}
          />
        </ScrollView>
        <View style={styles.input}>
          <TextInput
            onChangeText={(text) => this.setState({inputText: text})}
            value={this.state.inputText}
            style={styles.inputText}
            placeholder="Type your todo"
          />
          <Button
            onPress={this.onAddItem}
            title="Add"
            color="#841584"
            style={styles.inputButton}
          />
        </View>
      </KeyboardAvoidingView>
```

```
    );
  }
}

const styles = StyleSheet.create({
  container: {
    flex: 1,
    backgroundColor: '#fff',
    paddingTop: STATUSBAR_HEIGHT,
  },
  filter: {
    height: 30,
    flexDirection: 'row',
  },
  todolist: {
    flex: 1
  },
  input: {
    height: 30,
    flexDirection: 'row',
  },
  inputText: {
    flex: 1,
    borderBottomWidth: 1,
    borderTopWidth: 1,
    borderLeftWidth: 1,
    borderRightWidth: 1,
  },
  inputButton: {
    width: 100,
  },
  // 5: TODO表示用のスタイル
  todoItem: {
    fontSize: 20,
    backgroundColor: "white",
  },
  todoItemDone: {
```

```
130      fontSize: 20,
131      backgroundColor: "red",
132    },
133  });
```

まずは、タップに対応させるためのTouchableOpacityコンポーネントを取り込みます（リスト04-25:14）。

次に、今までTextコンポーネントで表現していたTODOのアイテムをタッチ可能なコンポーネントにするために、Functional ComponentとしてTodoItemコンポーネントを実装しています（リスト04-25:21）。Functional Componentは、React.Componentクラスと違って、stateがなくpropsのみを備えたコンポーネントで、実装もrenderに相当のするものをreturnするだけです。

リスト04-26　TodoItemコンポーネントの実装

```
1  const TodoItem = (props) => {
2    let textStyle = styles.todoItem
3    if (props.done === true) {
4      textStyle = styles.todoItemDone
5    }
6    return (
7      <TouchableOpacity onPress={props.onTapTodoItem}>
8        <Text style={textStyle}>{props.title}</Text>
9      </TouchableOpacity>
10   )
11 }
```

このコンポーネントでは、propsにtitle、done、onTapTodoItemの3つを渡すように設計しています。titleには画面に表示するタイトルを渡します。doneには完了かどうかを渡し、styles.todoItemとstyles.todoItemDone（リスト04-25:124）を切り替えて色を変えるために利用します。onTapTodoItemは実際にタップをした時の挙動で、Appコンポーネントに実装した関数が渡されます。

次に、FlatListの実装を見てみましょう（リスト04-25:65）。

リスト04-27　FlatListの実装

```
1  <FlatList data={todo}
2    extraData={this.state}
3    renderItem={({item}) =>
4      <TodoItem
```

```
5        title={item.title}
6        done={item.done}
7        onTapTodoItem={() => this.onTapTodoItem(item)}
8      />
9    }
10   keyExtractor={(item, index) => "todo_" + item.index}
11 />
```

ここでは、renderItemでTodoItemコンポーネントを呼び出しています。onTapTodoItemで自分自身のオブジェクトをthis.onTapTodoItemに渡す関数を定義し、タップしたときの挙動を示します。また、extraDataというプロパティが増えていますが、this.stateが変更されたことを検知して再描画を行うためのもので、これをセットしないとsetStateで変更を行っても無視されてしまいます。

最後に、onTapTodoItem自体の実装を見てみましょう。

リスト04-28　onTapTodoItemの実装

```
1 onTapTodoItem = (todoItem) => {
2   const todo = this.state.todo
3   const index = todo.indexOf(todoItem)
4   todoItem.done = !todoItem.done
5   todo[index] = todoItem
6   this.setState({todo: todo})
7   this.saveTodo(todo)
8 }
```

ここでは、渡されたTODOを検索してTODOの完了状態（done）を反転させて、元の位置のオブジェクトを上書きします。その後、setState関数とsaveTodo関数を呼び出して完成です。

4-8 JavaScriptの非同期処理

図04-04　作成したTODOアプリ

　これで、TODOアプリの開発が完了です。さまざまな概念が出てきましたが、React Nativeで簡単な一画面のアプリを作成するのに必要な要素は、ほぼ揃っています。
　次章では、React Nativeにおけるレイアウトの基本となる**Flexレイアウト**について学びます。

第5章

電卓アプリ開発で学ぶ Flexboxレイアウト

React Nativeでは、FlexboxレイアウトというしくみくみUIを構築していくのが一般的です。Flexboxレイアウト自体は、CSSにおけるFlexboxとほぼ同じコンセプトのしくみです。
ただし、CSSのFlexboxをすべて同じようにサポートはしているわけではなく、あくまで必要な概念をサポートしていると考えてください。
では、さっそく概念を学んでいきましょう。

5-1 Flexboxの「軸」

先述したように、React Native と CSS の Flexbox レイアウトは、コンセプトを同じくしてはいますが、まったく同じではありません。

- Layout with Flexbox · React Native
  https://facebook.github.io/react-native/docs/flexbox.htmlhttps://facebook.github.io/react-native/docs/flexbox.html
- フレックスボックスの基本概念 - CSS: カスケーディングスタイルシート | MDN
  https://developer.mozilla.org/ja/docs/Web/CSS/CSS_Flexible_Box_Layout/Basic_Concepts_of_Flexbox

React Native の Flexbox では、CSS と同様に 2 つの**軸**を使います。**flexDirection** というパラメータで、**column**（横軸）か、**row**（縦軸）かのどちらかを選択することになります。

簡単に 2 つの render() で表したものを比較してみましょう。

リスト05-01　flexDirectionがcolumnの場合

```
render() {
  return (
    <View style={{
      flex: 1, flexDirection: 'column'
    }}>
      <View style={{flex:1, backgroundColor: 'white'}} />
      <View style={{flex:1, backgroundColor: 'black'}} />
    </View>
  )
}
```

リスト05-02　flexDirectionがrowの場合

```
 1 render() {
 2   return (
 3     <View style={{
 4       flex: 1, flexDirection: 'row'
 5     }}>
 6       <View style={{flex:1, backgroundColor: 'white'}} />
 7       <View style={{flex:1, backgroundColor: 'black'}} />
 8     </View>
 9   )
10 }
```

図05-01　flexDirection column と row の比較

　それぞれ縦方向の白黒、横方向の白黒となりました。なお、flexDirectionは、デフォルトではcolumnです。第4章のTODOアプリで、トップのViewに対してflexDirectionを設定していなかったのは、単にデフォルトが縦方向だったからです。また、Flexboxでは、子のコンポーネントにはflexDirectionの値は継承されません。

リスト05-03　flexDirectionは継承されない

```
 1  render() {
 2    return (
 3      <View style={{
 4        flex: 1, flexDirection: 'row'
 5      }}>
 6        {/* 1: 1つ目のView */}
 7        <View style={{flex:1, backgroundColor: 'white'}} />
 8        {/* 2: 2つ目のView、これ自体は横方向に配置 */}
 9        <View style={{flex:1}}>
10          {/* 3: 2つ目のViewの子のViewたち、縦方向に配置される */}
11          <View style={{flex:1, backgroundColor: 'blue'}} />
12          <View style={{flex:1, backgroundColor: 'red'}} />
13          <View style={{flex:1, backgroundColor: 'gray'}} />
14        </View>
15      </View>
16    )
17  }
```

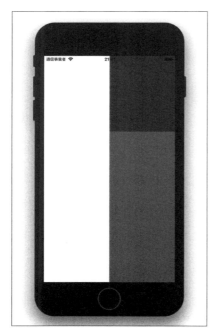

図05-02　flexDirectionは継承されない

そのため、必要に応じてflexDirectionは都度設定するか、もしくは必ず書くようにするなどの工夫が必要になります。

なお、ここではStylesheetを使わずにstyleを記述していますが、styleの使い方には標準では2種類あることに気をつけてください。また、Stylesheetとstyleの両方で定義を行う方法もあります。その場合はstyleを配列で定義します。

リスト05-04　styleの結合

```
import React from 'react';
import { View, StyleSheet } from 'react-native';

export default class App extends React.Component {
  render() {
    return (
      <View style={{
        flex: 1, flexDirection: 'row'
      }}>
        <View style={{flex:1, backgroundColor: 'white'}} />
        <View style={{flex:1}}>
          { /* style={{width: 100, height: 100, backgroundColor: 'blue'}} と同じ */ }
          <View style={[myStyle.customColumn, {backgroundColor: 'blue'}]} />
          { /* style={{width: 100, height: 100, backgroundColor: 'red'}} と同じ */ }
          <View style={[myStyle.customColumn, {backgroundColor: 'red'}]} />
        </View>
      </View>
    )
  }
}

const myStyle = StyleSheet.create({
  customColumn: {
    width: 100,
    height: 100,
  }
})
```

第5章 電卓アプリ開発で学ぶFlexboxレイアウト

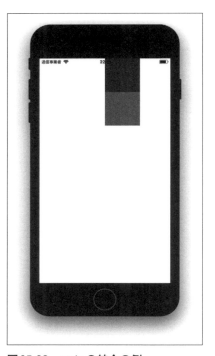

図05-03　styleの結合の例

5-2 Flexboxでの配置

　Flexboxでは、justifyContentとalignItemsを用いて位置をコントロールします。justifyContentは主軸の方向を、alignItemsは2つ目の軸の配置の仕方を決定します。

　flexDirectionがcolumnの場合はjustifyContentで縦方向の配置の仕方を、alignItemsで横方向の配置の仕方が決定されることになります。

　では、例を見てみましょう。

リスト05-05　Flexboxの配置の例（1）

```
render() {
  return (
    <View style={{
      flex: 1,
      flexDirection: 'column', /* 縦軸方向に */
      justifyContent: 'space-between', /* 縦軸は等間隔に配列 */
      alignItems: 'flex-start', /* 横軸は横のスタート位置に */
    }}>
      <View style={{width: 100, height: 100, backgroundColor: 'blue'}} />
      <View style={{width: 100, height: 100, backgroundColor: 'red'}} />
      <View style={{width: 100, height: 100, backgroundColor: 'green'}} />
    </View>
  )
}
```

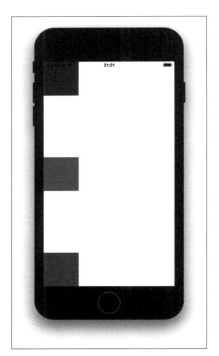

図05-04 Flexboxの配置（1）

リスト05-05の例では、flexDirectionをcolumnにすることで縦軸方向に並ぶようにし、縦軸に対してjustifyContentで均等に並ぶようにしています。また、alignItemsをflex-startに指定して横軸で開始位置から並ぶようにしています。

リスト05-06 Flexboxの配置の例（2）

```
render() {
  return (
    <View style={{
      flex: 1,
      flexDirection: 'column', /* 縦軸方向に */
      justifyContent: 'space-around', /* 縦軸は中央よりに均等に並ぶように */
      alignItems: 'flex-end', /* 横軸は終端に */
    }}>
      <View style={{width: 100, height: 100, backgroundColor: 'blue'}} />
      <View style={{width: 100, height: 100, backgroundColor: 'red'}} />
      <View style={{width: 100, height: 100, backgroundColor: 'green'}} />
    </View>
  )
}
```

5-2 Flexboxでの配置

図05-05　Flexboxの配置（2）

リスト05-06の例では、justifyContentをspace-aroundにすることで、中央から均等に並ぶように配置しています。また、alignItemsをflex-endに指定して、横軸の終了位置から並ぶようにしています。

リスト05-07　Flexboxの配置の例（3）

```
 1  render() {
 2    return (
 3      <View style={{
 4        flex: 1,
 5        flexDirection: 'column', /* 縦軸方向に */
 6        justifyContent: 'center', /* 縦軸は中央寄せに */
 7        alignItems: 'stretch', /* 横軸は横幅いっぱいに */
 8      }}>
 9        <View style={{width: 100, height: 100, backgroundColor: 'blue'}} />
10        <View style={{width: 100, height: 100, backgroundColor: 'red'}} />
11        { /* 横幅いっぱい確保してるのでwidthを削除 */ }
12        <View style={{height: 100, backgroundColor: 'green'}} />
13      </View>
14    )
15  }
```

137

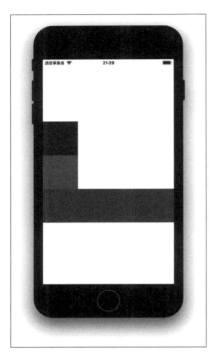

図05-06　Flexboxの配置（3）

　リスト05-07の例では、justifyContentをcenterにして、中央寄せになるように配置しています。また、alignItemsをstretchを指定して、横軸いっぱいになるようにしています。このため、3つめのViewでは横幅いっぱいの大きさになります。

　ためしに、リスト05-07の例でalignItemsをflex-startにしてみましょう。この場合、横幅を示すプロパティがないため、Viewは縦幅だけ確保した空のものになります。

5-3 電卓アプリを作ってみよう

では、Flexboxレイアウトを基本を学んだところで、電卓アプリを作成してみましょう。ここでは、手書きラフを元に作成をしていきます。

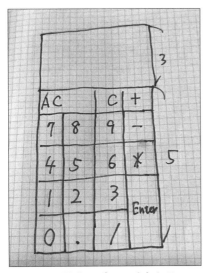

図05-07　電卓アプリの手書きラフ

5-3-1　逆ポーランド記法

手書きメモに**RPN電卓**と書いてありますが、ここで作成するのは**Reverse Polish Notation（逆ポーランド）電卓**です。RPNは、プログラミング言語の**Forth**[1]やヒューレット・パッカードの電卓[2]で有名な記法です。

---

[1] チャールズ・ムーアが中心となって1970年代から開発され続けているプログラミング言語です。本書とはまったく関係ありませんが、『言語設計者たちが考えること』(Federico Biancuzzi、Shane Warden 編／伊藤真浩、頃末和義、佐藤嘉一、鈴木幸敏、村上雅章 訳／オライリー・ジャパン 刊／ ISBN978-4-87311-471-2)では強烈なメッセージを放っているので、ぜひ読んでもらいたいです。

[2] HP 10Cシリーズ。簡単なプログラミングすらこなせてしまう高機能な電卓で、現在も根強いファンを持っています。筆者も所有していますが、プログラミング機能はまったく使いこなせていません……。

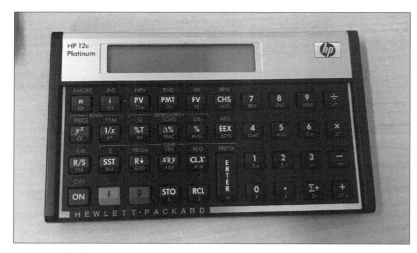

図05-08　筆者所有のHP 12C

　一般的な電卓などで使われているのは**中置記法**と呼ばれるもので、「1 + 2」のように記述をします。一方、逆ポーランド記法では「1 2 +」と記述します。これは一体何が利点なのでしょうか。それは複雑な計算を行う時にカッコ（()）が必要ないという点です。では、お手持ちの電卓（スマートフォンのアプリなどでも構いません）で次の計算をしてみましょう。

```
1 + (2 * 7) - 5
```

　答えは10です。まず、中のカッコを計算して「1 + 14 - 5」としてから答えを導きます。しかし、電卓で解こうとすると、最初にカッコの中を計算しないといけません。逆ポーランド記法では、これを次のように表現します。

```
1 2 7 * + 5 -
```

　これは、元の式をそのまま逆ポーランド記法で表現しただけです。そもそもカッコがありません。
　macOSであれば、計算機アプリを立ち上げて表示メニューにある「RPNモード」を有効にすると、簡単に試すことができます。①Enter②Enter⑦＊＋⑤Enter－と打ちます。
　逆ポーランド記法は、コンピュータの内部では単純な原理で動作しています。1つずつの数字をスタックに詰んでいき、計算式（+、-、*、/）があったら、1つ前のものと2つ前のものをpopして計算し、計算結果をスタックに積み直します。

このような仕組みのため、中置記法のようにカッコが必要かどうかなどの曖昧な表現がなく、プログラムで書きやすいという特長があります。今回は、開発するプログラムを簡略化するために逆ポーランド記法を採用します。

> **Column　ポーランド記法と実行例**
>
> 逆ポーランド記法があるからには、もちろんポーランド記法もあります。これはLISPなどで使われる表現で、先の計算式は次のようになります。
>
> ```
> (- (+ 1 (* 2 7)) 5)
> ```
>
> こちらは、もう1つの曖昧な表現がない記法といえます。LISP系の言語の1つである**Scheme**を実装した**Gauche**[※3]（インタプリタはgoshコマンド）による実行例を紹介しましょう。
>
> ```
> $ gosh
> gosh> (- (+ 1 (* 2 7)) 5)
> 10
> ```

5-3-2　レイアウトを作成

まずはプロジェクトを新規に作成します。

コマンド05-01　プロジェクトの新規作成
```
$ exp init RPNCalc
```

テンプレートは**blank**を選択します。では、デザインを作成していきます。
まずは基本のレイアウトとなるViewを最初に組んでしまいます。

リスト05-08　App.js　tag:5-1-1
```
1  import React from 'react';
2  import {
3    StyleSheet,
4    Text,
```

※3 『ハッカーと画家』などの翻訳者としても知られる川合史朗氏が開発をしているSchemeの実装で、UNIX系OSで動作します。http://practical-scheme.net/gauche/

```
 5    View,
 6    Platform,
 7    StatusBar,
 8  } from 'react-native';
 9
10  const STATUSBAR_HEIGHT = Platform.OS == 'ios' ? 20 : StatusBar.currentHeight;
11
12  export default class App extends React.Component {
13    render() {
14      return (
15        <View style={styles.container}>
16          { /* 1: 結果を表示するView */ }
17          <View style={styles.results}>
18            <View style={styles.resultLine}>
19            </View>
20            <View style={styles.resultLine}>
21            </View>
22            <View style={styles.resultLine}>
23            </View>
24          </View>
25          { /* 2: ボタンを配置するView */ }
26          <View style={styles.buttons}>
27            <View style={styles.buttonsLine}>
28            </View>
29            <View style={styles.buttonsLine}>
30            </View>
31            <View style={styles.buttonsLine}>
32            </View>
33            <View style={styles.lastButtonLinesContainer}>
34              <View style={styles.twoButtonLines}>
35                <View style={styles.buttonsLine}>
36                </View>
37                <View style={styles.buttonsLine}>
38                </View>
39              </View>
40              <View style={styles.enterButtonContainer}>
41              </View>
```

```
42            </View>
43          </View>
44        </View>
45    );
46  }
47 }
48
49 const styles = StyleSheet.create({
50   container: {
51     flex: 1,
52     backgroundColor: '#fff',
53     paddingTop: STATUSBAR_HEIGHT,
54   },
55   // 3: 結果を表示する領域と、1つずつの行のスタイル
56   results: {
57     flex: 3,
58     backgroundColor: '#fff',
59   },
60   resultLine: {
61     flex: 1,
62     borderBottomWidth: 1,
63     justifyContent: 'center',
64     alignItems: 'flex-end',
65   },
66   // 4: ボタンを表示する領域と、ボタンの行のスタイル
67   buttons: {
68     flex: 5,
69   },
70   buttonsLine: {
71     flex: 1,
72     flexDirection: 'row',
73     justifyContent: 'space-between',
74     backgroundColor: '#fff',
75     alignItems: 'center',
76     borderWidth: 1,
77   },
78   // 5: 最後の2行は組み方が違うので違うスタイルを設定する
```

```
79    lastButtonLinesContainer: {
80      flex: 2,
81      flexDirection: 'row',
82    },
83    twoButtonLines: {
84      flex: 3,
85    },
86    enterButtonContainer: {
87      flex: 1,
88      alignItems: 'center',
89      borderWidth: 1,
90    },
91  });
```

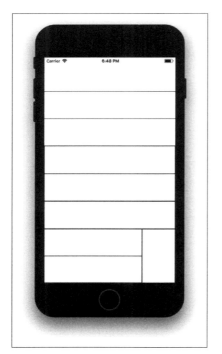

図05-09　基本となるViewを構築

　ベースとなるのはstyles.resultsとstyles.buttonsです（リスト05-08:55, 66）。それぞれでflex: 3とflex: 5を指定していて、これだけで計算結果の表示領域とボタンを配置する領域に分割できます（リ

スト05-08:16, 25)。

　次に、ボタンを配置する行となるViewを見ていきましょう。まず4つの行を定義しています（リスト05-08:66）が、最後の行だけはflex: 2となるようにstyles.lastButtonLinesContainerを指定していて、それ以外はstyles.buttonLineを指定しています（リスト05-08:78）。

　そして、最後の行が2つのViewから作成されるようにしています。この向きは、styles.lastButtonLinesContainerでflexDirection: 'row'を指定して横に並ぶようになっていて、それぞれがflex: 3とflex: 1を指定していて、サイズが3対1になるようにしています。

　これでだいたいの表示領域の枠ができたので、実際に中身に入れるボタンを配置していきます。

　まずは、一番上の段だけの実装をしてみます。

リスト05-09　App.js tag:5-1-2
```js
import React from 'react';
import {
  StyleSheet,
  Text,
  View,
  Platform,
  StatusBar,
  TouchableOpacity,
} from 'react-native';

const STATUSBAR_HEIGHT = Platform.OS == 'ios' ? 20 : StatusBar.currentHeight;

// 1: ボタンのFunctional Component
const CalcButton = (props) => {
  const flex = props.flex ? props.flex : 1
  return (
    <TouchableOpacity
      style={[styles.calcButton, {flex: flex}]}
      onPress={() => {props.btnEvent()}}>
      <Text style={styles.calcButtonText}>{props.label}</Text>
    </TouchableOpacity>
  )
}

export default class App extends React.Component {
```

```
27      // 2: ボタンの役割ごとに関数を作成
28      valueButton = (value) => {
29      }
30
31      enterButton = () => {
32      }
33
34      calcButton = (value) => {
35      }
36
37      acButton = () => {
38      }
39
40      cButton = () => {
41      }
42
43      render() {
44        return (
45          <View style={styles.container}>
46            <View style={styles.results}>
47              <View style={styles.resultLine}>
48              </View>
49              <View style={styles.resultLine}>
50              </View>
51              <View style={styles.resultLine}>
52              </View>
53            </View>
54            <View style={styles.buttons}>
55              <View style={styles.buttonsLine}>
56                { /* 3: ボタンを配置 */ }
57                <CalcButton flex={2} label={'AC'} btnEvent={() => this.acButton()} />
58                <CalcButton label={'C'} btnEvent={() => this.cButton()} />
59                <CalcButton label={'+'} btnEvent={() => this.calcButton('+')} />
60              </View>
61              <View style={styles.buttonsLine}>
62              </View>
63              <View style={styles.buttonsLine}>
```

```
64        </View>
65        <View style={styles.lastButtonLinesContainer}>
66          <View style={styles.twoButtonLines}>
67            <View style={styles.buttonsLine}>
68            </View>
69            <View style={styles.buttonsLine}>
70            </View>
71          </View>
72          <View style={styles.enterButtonContainer}>
73          </View>
74        </View>
75      </View>
76    </View>
77   );
78  }
79 }
80
81 const styles = StyleSheet.create({
82   // 他のスタイルは省略
83   // 4: ボタン用のスタイル
84   calcButton: {
85     alignItems: 'center',
86     justifyContent: 'center',
87     width: '100%',
88     height: '100%',
89     flexDirection: 'column',
90     borderWidth: 1,
91     borderColor: "#b0c4de",
92   },
93   calcButtonText: {
94     fontSize: 20,
95   },
96 });
```

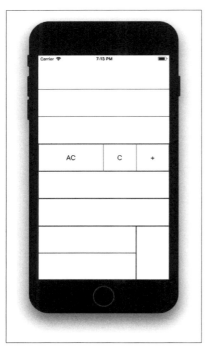

図05-10　ボタンの初期実装

まず、ボタンの実装となるCalcButtonをFunctional Componentとして実装します（リスト05-09:13, 83）。

そして、そのボタンをViewの中に配置していきます（リスト05-09:56）。「ACボタン」だけは横幅が2つ分あるのでflex={2}と指定し、これよって2つ分の大きさになるようにFunctional Component内で制御しています。

また、ボタンを押したときに空の関数を先に定義しておき（リスト05-09:27）、それらがクリックされたときに動くようにbtnEventという名前で渡すようにしています。

これで基本的には電卓としての実装が可能ですが、CalcButtonは同じような定義が並ぶため、ちょっと単調です。そこで、配列で定義して実装の見通しをよくしておきましょう。

リスト05-10　App.js　tag:5-1-3

```
1  import React from 'react';
2  import {
3    StyleSheet,
4    Text,
5    View,
```

```
    Platform,
    StatusBar,
    TouchableOpacity,
} from 'react-native';

const STATUSBAR_HEIGHT = Platform.OS == 'ios' ? 20 : StatusBar.currentHeight;

const CalcButton = (props) => {
  const flex = props.flex ? props.flex : 1
  return (
    <TouchableOpacity
      style={[styles.calcButton, {flex: flex}]}
      onPress={() => {props.btnEvent()}}>
      <Text style={styles.calcButtonText}>{props.label}</Text>
    </TouchableOpacity>
  )
}

// 1: ボタンのFragmentを返すFunctional Component
const CalcButtons = (props) => {
  return (
    <React.Fragment>
      { props.buttons.map(button => {
        return (
          <CalcButton
            key={button.label}
            flex={button.flex}
            label={button.label}
            btnEvent={button.btnEvent}
          />
        )
      })}
    </React.Fragment>
  )
}

export default class App extends React.Component {
```

```
// 2: ボタンの定義
buttons = [
  [
    {
      label: 'AC',
      flex: 2,
      btnEvent: () => {this.acButton()},
    },
    {
      label: 'C',
      btnEvent: () => {this.cButton()},
    },
    {
      label: '+',
      btnEvent: () => {this.calcButton('+')},
    }
  ],
]

valueButton = (value) => {
}

enterButton = () => {
}

calcButton = (value) => {
}

acButton = () => {
}

cButton = () => {
}

render() {
  return (
```

```
80      <View style={styles.container}>
81        <View style={styles.results}>
82          <View style={styles.resultLine}>
83          </View>
84          <View style={styles.resultLine}>
85          </View>
86          <View style={styles.resultLine}>
87          </View>
88        </View>
89        <View style={styles.buttons}>
90          <View style={styles.buttonsLine}>
91            { /* 3: CalcButtons を利用 */ }
92            <CalcButtons buttons={this.buttons[0]} />
93          </View>
94          <View style={styles.buttonsLine}>
95          </View>
96          <View style={styles.buttonsLine}>
97          </View>
98          <View style={styles.lastButtonLinesContainer}>
99            <View style={styles.twoButtonLines}>
100             <View style={styles.buttonsLine}>
101             </View>
102             <View style={styles.buttonsLine}>
103             </View>
104           </View>
105           <View style={styles.enterButtonContainer}>
106           </View>
107         </View>
108       </View>
109     </View>
110   );
111  }
112 }
113 // スタイルは省略
```

　まずは、配列の定義（リスト05-10:44）のところを見てください。ここでは、ボタンを構成する要素を二次元配列内のObjectとして定義をしています。二次元配列としたのは、1つのViewごとに再利用するためです。

そして、CalcButtonsというFunctional Componentを作成しています（リスト05-10:24）。このコンポーネントで重要なのは<React.Fragment>でCalcButtonを囲っていることです。JSXの記法では、コンポーネントは必ずツリー構造になっている必要があります。しかし、CalcButtonsでは、単にCalcButtonのみを返す実装をしようとしています。なぜならば、1つ上のコンポーネントはスタイルが異なるViewを使っているためです。このようなときに使えるのが、ReactのReact.Fragmentです。

● Fragments - React
https://reactjs.org/docs/fragments.html

今回のケースでは空のViewを使ってもよさそうですが、元のプログラムとはツリー構造が変わってしまいます。具体的な例で見てみましょう。

リスト05-11　元の構成

```
1  <View style={styles.buttonsLine}>
2    <CalcButton flex={2} label={'AC'} btnEvent={() => this.acButton()} />
3    <CalcButton label={'C'} btnEvent={() => this.cButton()} />
4    <CalcButton label={'+'} btnEvent={() => this.calcButton('+')} />
5  </View>
```

これをViewで返すと、次のようになります。

リスト05-12　Viewで返してしまうとツリー構造が変わる

```
1  <View style={styles.buttonsLine}>
2    <View>
3      <CalcButton flex={2} label={'AC'} btnEvent={() => this.acButton()} />
4      <CalcButton label={'C'} btnEvent={() => this.cButton()} />
5      <CalcButton label={'+'} btnEvent={() => this.calcButton('+')} />
6    </View>
7  </View>
```

React.Fragmentは、このようなケースを防ぐためによく使われます。

さて、CalcButtonsコンポーネントでコードが省略できそうなので、ほかのボタンも定義してしまいましょう。

リスト05-13　App.js 5-1-4

```js
// 省略
export default class App extends React.Component {

  // 1: ボタンの定義
  buttons = [
    [
      {
        label: 'AC',
        flex: 2,
        btnEvent: () => {this.acButton()},
      },
      {
        label: 'C',
        btnEvent: () => {this.cButton()},
      },
      {
        label: '+',
        btnEvent: () => {this.calcButton('+')},
      }
    ],
    [
      {
        label: '7',
        btnEvent: () => {this.valueButton('7')},
      },
      {
        label: '8',
        btnEvent: () => {this.valueButton('8')},
      },
      {
        label: '9',
        btnEvent: () => {this.valueButton('9')},
      },
      {
        label: '-',
        btnEvent: () => {this.calcButton('-')},
```

```
37        }
38      ],
39      [
40        {
41          label: '4',
42          btnEvent: () => {this.valueButton('4')},
43        },
44        {
45          label: '5',
46          btnEvent: () => {this.valueButton('5')},
47        },
48        {
49          label: '6',
50          btnEvent: () => {this.valueButton('6')},
51        },
52        {
53          label: '*',
54          btnEvent: () => {this.calcButton('*')},
55        }
56      ],
57      [
58        {
59          label: '1',
60          btnEvent: () => {this.valueButton('1')},
61        },
62        {
63          label: '2',
64          btnEvent: () => {this.valueButton('2')},
65        },
66        {
67          label: '3',
68          btnEvent: () => {this.valueButton('3')},
69        },
70      ],
71      [
72        {
73          label: '0',
```

```
        btnEvent: () => {this.valueButton('0')},
      },
      {
        label: '.',
        btnEvent: () => {this.valueButton('.')},
      },
      {
        label: '/',
        btnEvent: () => {this.calcButton('/')},
      }
    ],
    [
      {
        label: 'Enter',
        btnEvent: () => {this.enterButton()}
      }
    ]
  ]

  valueButton = (value) => {
  }

  enterButton = () => {
  }

  calcButton = (value) => {
  }

  acButton = () => {
  }

  cButton = () => {
  }

  render() {
    return (
      <View style={styles.container}>
```

```jsx
          <View style={styles.results}>
            <View style={styles.resultLine}>
            </View>
            <View style={styles.resultLine}>
            </View>
            <View style={styles.resultLine}>
            </View>
          </View>
          <View style={styles.buttons}>
            { /* 2: CalcButtons でぞれぞれのViewに配置をしていく */ }
            <View style={styles.buttonsLine}>
              <CalcButtons buttons={this.buttons[0]} />
            </View>
            <View style={styles.buttonsLine}>
              <CalcButtons buttons={this.buttons[1]} />
            </View>
            <View style={styles.buttonsLine}>
              <CalcButtons buttons={this.buttons[2]} />
            </View>
            <View style={styles.lastButtonLinesContainer}>
              <View style={styles.twoButtonLines}>
                <View style={styles.buttonsLine}>
                  <CalcButtons buttons={this.buttons[3]} />
                </View>
                <View style={styles.buttonsLine}>
                  <CalcButtons buttons={this.buttons[4]} />
                </View>
              </View>
              <View style={styles.enterButtonContainer}>
                <CalcButtons buttons={this.buttons[5]} />
              </View>
            </View>
          </View>
        </View>
    );
  }
}
// 省略
```

図05-11　ボタンをすべて定義

　単純に配列のボタンの定義をすべて行い（リスト05-13:4）、それぞれのViewにCalcButtonsを配置していくだけです（リスト05-13:120）。

5-3-3　電卓の機能の実装

電卓として機能するように、各ボタンの実装などを行っていきましょう。

```
リスト05-14　App.js　tag:5-1-5
1  // 省略
2
3  export default class App extends React.Component {
4
5    // buttonsは省略
6    constructor(props) {
7      super(props)
8      this.state = {
9        results: [], // 1: スタックが入る配列
```

```
10       current: "0", // 2: 現在入力中の値の文字列
11       dotInputed: false, // 3: . が入力されているかどうか
12       afterValueButton: false, // 4: 数字ボタンが入力された後かどうか
13     }
14   }
15
16   valueButton = (value) => {
17     let currentString = this.state.current
18     const dotInputed = this.state.dotInputed
19     let newDotInputed = dotInputed
20     if (value == ".") {
21       // 5: . は2回入力されたら無視する
22       if (!dotInputed) {
23         currentString = currentString + value
24         newDotInputed = true
25       }
26     } else if (currentString == "0") { // 6: 初期入力時は値をそのまま保持する
27       currentString = value
28     } else {
29       currentString = currentString + value
30     }
31     this.setState({current: currentString, dotInputed: newDotInputed, afterValueButton: true})
32   }
33
34   enterButton = () => {
35     let newValue = NaN
36     if (this.state.dotInputed) {
37       newValue = parseFloat(this.state.current)
38     } else {
39       newValue = parseInt(this.state.current)
40     }
41     // 7: parseに失敗したらスタックに積まない
42     if (isNaN(newValue)) {
43       return
44     }
45     // 8: スタックに新しい値を積む
46     let results = this.state.results
```

```
47      results.push(newValue)
48      this.setState({current: "0", dotInputed: false, results: results, afterValueButton: false})
49    }
50
51    calcButton = (value) => {
52      // 9: スタックが2つ以上ない場合は計算しない
53      if (this.state.results.length < 2) {
54        return
55      }
56      // 10: 数値を入力中は受け付けない（スタックにあるものだけを処理する）
57      if (this.state.afterValueButton == true) {
58        return
59      }
60      let newResults = this.state.results
61      const target2 = newResults.pop()
62      const target1 = newResults.pop()
63      newValue = null
64      // 11: スタックから取得したものを計算する
65      switch (value) {
66        case '+':
67          newValue = target1 + target2
68          break
69        case '-':
70          newValue = target1 - target2
71          break
72        case '*':
73          newValue = target1 * target2
74          break
75        case '/':
76          newValue = target1 / target2
77          // 12: 0で割ったときに何もしないよう有限性をチェック
78          if (!isFinite(newValue)) {
79            newValue = null
80          }
81          break
82        default:
83          break
```

```
 84      }
 85      if (newValue == null) {
 86        return
 87      }
 88      // 13: 計算結果をスタックに積む
 89      newResults.push(newValue)
 90      this.setState({current: "0", dotInputed: false, results: newResults,
 afterValueButton: false})
 91    }
 92
 93    acButton = () => {
 94      // 14: ACボタンはスタックを含めて初期化する
 95      this.setState({current: "0", dotInputed: false, results: [], afterValueButton:
 false})
 96    }
 97
 98    cButton = () => {
 99      // 15: Cボタンはスタック以外を初期化する
100      this.setState({current: "0", dotInputed: false, afterValueButton: false})
101    }
102
103    render() {
104      return (
105        <View style={styles.container}>
106          <View style={styles.results}>
107            <View style={styles.resultLine}>
108            </View>
109            <View style={styles.resultLine}>
110              { /* 16: デバッグ表示: current の値を表示 */ }
111              <Text>{this.state.current}</Text>
112            </View>
113            <View style={styles.resultLine}>
114              { /* 17: デバッグ表示: スタックの中身を表示 */ }
115              <Text>{this.state.results.join(' ')}</Text>
116            </View>
117          </View>
118          <View style={styles.buttons}>
119            <View style={styles.buttonsLine}>
```

```
120          <CalcButtons buttons={this.buttons[0]} />
121        </View>
122        <View style={styles.buttonsLine}>
123          <CalcButtons buttons={this.buttons[1]} />
124        </View>
125        <View style={styles.buttonsLine}>
126          <CalcButtons buttons={this.buttons[2]} />
127        </View>
128        <View style={styles.lastButtonLinesContainer}>
129          <View style={styles.twoButtonLines}>
130            <View style={styles.buttonsLine}>
131              <CalcButtons buttons={this.buttons[3]} />
132            </View>
133            <View style={styles.buttonsLine}>
134              <CalcButtons buttons={this.buttons[4]} />
135            </View>
136          </View>
137          <View style={styles.enterButtonContainer}>
138            <CalcButtons buttons={this.buttons[5]} />
139          </View>
140        </View>
141      </View>
142    </View>
143    );
144  }
145 }
146 // スタイルは種略
```

　まずはコンストラクタを実装します。ここでは、this.stateにスタックが入る配列であるresults（リスト05-14:9）、入力中の値が入るcurrent（リスト05-14:10）、「.」が入力されているかどうかを判定するdotInputedフラグ（リスト05-14:11）、そして数字が入力されたあとかどうかを判定するafterValueButtonフラグ（リスト05-14:12）を用意します。

　また、resultsとcurrentの内容は、デバッグしやすさを考慮して、ひとまずはrenderの実行時に表示するようにします（リスト05-14:110, 114）。

　afterValueButtonフラグは、数字が入力中かどうかを判別するのと同時に、スタックに積まれたもの以外を計算しないという制約を課すために使っています。この制約は説明を簡略化するために入れているだけなので、カスタマイズするときはこれを外すチャレンジをしてみてもよいでしょう。

次に、数字のボタンを押したときの処理であるvalueButton関数の実装を見ていきましょう。

基本的には、入力された数字を文字列として後ろに追加していくだけですが、「.」が入力された場合、そしてcurrentが0の場合だけは処理が変わります。「.」が入力された場合は、すでに「.」が入力されていた場合は何もせず、1回目の入力のときはcurrentの後ろに「.」を付けます（リスト05-14:21）。currentが0の場合は、そのまま入力された数字がcurrentに入るようにします。

スタックに数字を積むenterButtonの処理は、現在currentにある数字をparseIntもしくはparseFloatのどちらかで処理を行うようにし、パース処理に失敗したら何もしないようにしています（リスト05-14:41）。ただし、表示される範囲であれば、だいたいパースは通ってしまうので、エラー処理は念のためにしているというものです。そして、パース処理が終わったものは、そのまま配列の最後尾に追加してsetStateをすることで、スタックに積む処理を行っています（リスト05-14:45）。また、setStateでは、afterValueButtonフラグもfalseにして、入力が終わったことを示すようにしています。

次に、計算を行うcalcButtonの処理を見てみましょう。まず、計算を行うには2つの値が必要なので、スタックに積んである数字が2つ以上ない場合は計算自体を行いません（リスト05-14:52）。また、afterValueButtonフラグで、先ほど述べた制約を実装しています（リスト05-14:56）。そして、スタックから2つの値をpop関数で取得し、switch文で実際の計算の実施を行っています（リスト05-14:64）。

計算の処理では、割り算に気を付ける必要があります。というのも、0で値を割るときの処理を入れる必要があるためです。0の割り算は、多くのプログラミング言語では例外が発生しますが、JavaScriptではInfinityが返ってきます。そのため、isFinite関数を使って有限性のチェックを行い、0で割られていた場合にnullを渡して、先のロジックで判定して何もしないようにしています（リスト05-14:77）。

最後に、計算結果をスタックに積み直して、setStateを行うことで計算結果が反映されます（リスト05-14:88）。

「ACボタン」と「Cボタン」については、単純に初期化を行います。acButton関数ではスタックを含めて初期化を行い（リスト05-14:94）、cButton関数ではスタック以外の初期化を行います（リスト05-14:99）。

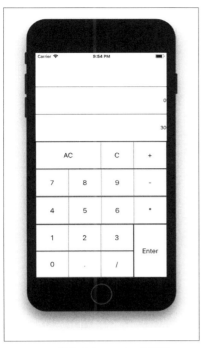

図05-12　計算を行っている様子

図05-12は、⑤ Enter ⑥ Enter ＊の順（５ ６ ＊）でボタンを押した例です。紙面では伝わりにくいので、ぜひ動かしてみてください。

さて、ここまで終われば、あとは現在の値とスタックの内容を縦に並べて表示していくだけですが、少し表示を工夫しましょう。

```
リスト05-15　App.js　tag:5-1-6
// 省略
export default class App extends React.Component {

  // 省略

  showValue = (index) => {
    // 1: 文字が入力中だった場合に表示対象を1つずらす
    if (this.state.afterValueButton || this.state.results.length == 0) {
      index = index - 1
    }
    // 2: index が -1 になったら入力中なので current を表示する
```

```jsx
12      if (index == -1) {
13        return this.state.current
14      }
15      // 3: スタックで表示できるものを優先して表示する
16      if (this.state.results.length > index) {
17        return this.state.results[this.state.results.length - 1 - index]
18      }
19      return ""
20    }
21
22    render() {
23      return (
24        <View style={styles.container}>
25          <View style={styles.results}>
26            { /* 4: スタックもしくはcurrentを最大3つまで表示 */ }
27            <View style={styles.resultLine}>
28              <Text>{this.showValue(2)}</Text>
29            </View>
30            <View style={styles.resultLine}>
31              <Text>{this.showValue(1)}</Text>
32            </View>
33            <View style={styles.resultLine}>
34              <Text>{this.showValue(0)}</Text>
35            </View>
36          </View>
37          <View style={styles.buttons}>
38            <View style={styles.buttonsLine}>
39              <CalcButtons buttons={this.buttons[0]} />
40            </View>
41            <View style={styles.buttonsLine}>
42              <CalcButtons buttons={this.buttons[1]} />
43            </View>
44            <View style={styles.buttonsLine}>
45              <CalcButtons buttons={this.buttons[2]} />
46            </View>
47            <View style={styles.lastButtonLinesContainer}>
48              <View style={styles.twoButtonLines}>
```

```
49            <View style={styles.buttonsLine}>
50              <CalcButtons buttons={this.buttons[3]} />
51            </View>
52            <View style={styles.buttonsLine}>
53              <CalcButtons buttons={this.buttons[4]} />
54            </View>
55          </View>
56          <View style={styles.enterButtonContainer}>
57            <CalcButtons buttons={this.buttons[5]} />
58          </View>
59        </View>
60      </View>
61    </View>
62    );
63  }
64 }
65
66 const styles = StyleSheet.create({
67   // 省略
68   resultLine: {
69     flex: 1,
70     borderBottomWidth: 1,
71     justifyContent: 'center',
72     alignItems: 'flex-end',
73     paddingRight: 20, // 5: 右端から少し離す
74   },
75   // 省略
76 });
```

　まずは、2つ目に記述されているrender関数を見てみましょう。ここでは、showValue関数で取得した値を3つ表示するように実装しています（リスト05-15:26）。

　そして、1つ目のshowValue関数では、表示対象のindexを渡しています。この関数では、文字が入力中であれば画面の数字を表示する領域の1番下に入力中の文字を出力し、入力中でなければスタックを縦に並べて表示するための値をどのように取得するかを実装しています。文字が入力中の場合は、表示対象のindexを1つ下げています（リスト05-15:7）。これは入力中に表示するためのスタックを1つ上にずらすために使っています。indexの値が-1の場合はcurrentの値を表示します（リスト05-15:11）。これで、indexが0で渡された1番下の表示領域が入力中にcurrentを表示するようになります。そして、残りはス

タックの表示ですが、このときにindexの値がresultsの長さよりも大きいかをチェックしています（リスト05-15:15）。このチェックはなくても問題はなさそうですが、undefinedを表示するのはおかしいので、あえて入れています。最後に表示の位置が右端に行き過ぎてるので、paddingRightを使って少しずらします（リスト05-15:73）。

図05-13　電卓の実装が完了

　図05-13は、⑧ ② Enter ③ ② . ① Enter ① ② Enter ＊ ① ⑤ Enter ＋ の順（82 32.1 12 * 15 +）でボタンを押した例です。

　実は、本題ではないので省略していますが、ここでは浮動小数点数型による計算になっているため、実際に利用するときには数値の丸めなどが必要になります。カスタマイズ例としてチャレンジしてみるとよいでしょう。

　さて、ここまでで電卓の実装は終わりましたが、本題であるレイアウトで重要な要素がもう1つあります。それは、画面の回転への対応です。

5-4 画面の回転

スマートフォンのアプリケーションの多くは縦向きか横向きのどちらかに合わせたものが多いのですが、画面の回転に対応したアプリケーションもあります。React Nativeでも画面の回転に対応したアプリケーションを作成することが可能です。

今回の電卓では、計算結果の表示領域と電卓のボタンの領域を3対5の割合で開発をしましたが、あくまでも縦向きを想定したレイアウトです。横向きのレイアウトでは、押しやすさを優先して1対5の割合にしてみます。

横向きに対応させるためには、app.jsonのorientationの値をportraitからdefaultに変更します。

リスト05-16　orientationの値を変更
```
1  {
2    "expo": {
3      // 省略
4      "orientation": "default",
5      // 省略
6    }
7  }
```

この状態で、いったんexp startを中断して、再度exp startを実行します。この状態でシミュレータやエミュレータを回転させてみましょう。

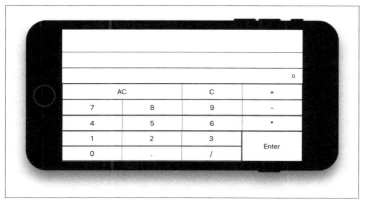

図05-13　iOSシミュレータで横向きにした例

回転した場合でもレイアウトは崩れませんが、横に間延びしてしまって、決して押しやすいボタンの大きさとはいえないことがわかります。では、コードを書き換えて、横向きのときに1対5の割合になるようにしてみましょう。

リスト05-17　App.js　tag:5-1-7

```js
import React from 'react';
import {
  StyleSheet,
  Text,
  View,
  Platform,
  TouchableOpacity,
  Dimensions, // 1: 画面の大きさを扱うDimensionsを追加
} from 'react-native';

// 省略
export default class App extends React.Component {

  // 省略

  constructor(props) {
    super(props)
    // 2: 初期起動時の縦の大きさと横の大きさを取得
    const {height, width} = Dimensions.get('window')
    this.state = {
      results: [],
      current: "0",
      dotInputed: false,
      afterValueButton: false,
      orientation: this.getOrientation(height, width), // 3: 向きを保持
    }
  }

  // 4: 画面の向きを取得する関数
  getOrientation = (height, width) => {
    if (height > width) {
      return 'portrait'
```

```jsx
    }
    return 'landscape'
  }

  // 5: 画面の大きさが変わったのイベント処理
  changeOrientation = ({window}) => {
    const orientation = this.getOrientation(window.height, window.width)
    this.setState({orientation: orientation})
  }

  componentDidMount() {
    // 6: 画面の変更されたときに発生するイベントを登録
    Dimensions.addEventListener('change', this.changeOrientation)
  }

  componentWillUnmount() {
    // 7: 画面の変更されたときに発生するイベントを解除
    Dimensions.removeEventListener('change', this.changeOrientation)
  }

  // 省略

  render() {
    // 8: 縦向きと縦向きでflexの値を変更
    let resultFlex = 3
    if (this.state.orientation == 'landscape') {
      resultFlex = 1
    }
    return (
      <View style={styles.container}>
        { /* 9: flex の値をマージする */ }
        <View style={[styles.results, {flex: resultFlex}]}>
          <View style={styles.resultLine}>
            <Text>{this.showValue(2)}</Text>
          </View>
          <View style={styles.resultLine}>
            <Text>{this.showValue(1)}</Text>
```

```
70              </View>
71              <View style={styles.resultLine}>
72                <Text>{this.showValue(0)}</Text>
73              </View>
74            </View>
75            <View style={styles.buttons}>
76              <View style={styles.buttonsLine}>
77                <CalcButtons buttons={this.buttons[0]} />
78              </View>
79              <View style={styles.buttonsLine}>
80                <CalcButtons buttons={this.buttons[1]} />
81              </View>
82              <View style={styles.buttonsLine}>
83                <CalcButtons buttons={this.buttons[2]} />
84              </View>
85              <View style={styles.lastButtonLinesContainer}>
86                <View style={styles.twoButtonLines}>
87                  <View style={styles.buttonsLine}>
88                    <CalcButtons buttons={this.buttons[3]} />
89                  </View>
90                  <View style={styles.buttonsLine}>
91                    <CalcButtons buttons={this.buttons[4]} />
92                  </View>
93                </View>
94                <View style={styles.enterButtonContainer}>
95                  <CalcButtons buttons={this.buttons[5]} />
96                </View>
97              </View>
98            </View>
99          </View>
100       );
101     }
102  }
103
104  // 省略
```

まずは、画面の大きさを扱うDimensionsをインポートします（リスト05-17:8）。次に、コンストラクタ内で初期状態の画面の大きさを取得し（リスト05-17:18）、その大きさを元に縦向きなのか、横向きな

のかをstateに保持します（リスト05-17:25）。そして、getOrientation関数で画面の向きを計算して返します（リスト05-17:29）。画面の向きは、画面の縦幅と横幅から算出するようにします。

次に、画面の大きさが変更されたとき、つまり画面の回転が行われたときのイベント処理であるchangeOrientationを実装します。changeOrientationはwindowを引数にしていますが、後述するchangeイベントが渡す変数です。

さらに、componentDidMountで画面の大きさが変更されたときのイベントを登録し（リスト05-17:44）、componentWillUnmountでそれを解除するようにします（リスト05-17:49）。React Nativeでは、画面の起動とともに発生するイベントリスナを扱う場合は、componentDidMountで登録し、componentWillUnmountで解除を行うことで余計なイベントが発生するのを抑えるのが一般的です。

最後に、render関数で、画面の向きによってflexの値を取得し（リスト05-17:56）、元のスタイルに対してflexの値をマージするようにしています（リスト05-17:63）。

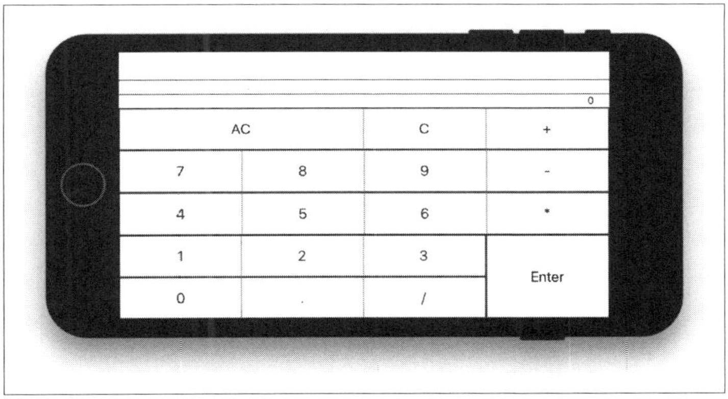

図05-14　画面の回転に応じてflexを変更

これで回転自体はサポートできましたが、計算結果が3行も並んでいるのは、画面を横にしたときには不自然です。電卓は複数行表示をしなくても機能するものなので、画面が横向きのときは1行の表示でもよいでしょう。そこで、今回のプログラムの中にはresultFlexという値があるので、この値と同じ数だけの計算結果を表示するようにします。

リスト05-18　App.js　tag:5-1-7

```
1  // render関数以外省略
2  render() {
3    let resultFlex = 3
4    if (this.state.orientation == 'landscape') {
5      resultFlex = 1
```

```jsx
    6    }
    7    return (
    8      <View style={styles.container}>
    9        <View style={[styles.results, {flex: resultFlex}]}>
   10          { /* 1: resultLineを動的に生成 */ }
   11          { [...Array(resultFlex).keys()].reverse().map(index => {
   12            return (
   13              <View style={styles.resultLine} key={"result_" + index}>
   14                <Text>{this.showValue(index)}</Text>
   15              </View>
   16            )
   17          }
   18        )}
   19        </View>
   20        <View style={styles.buttons}>
   21          <View style={styles.buttonsLine}>
   22            <CalcButtons buttons={this.buttons[0]} />
   23          </View>
   24          <View style={styles.buttonsLine}>
   25            <CalcButtons buttons={this.buttons[1]} />
   26          </View>
   27          <View style={styles.buttonsLine}>
   28            <CalcButtons buttons={this.buttons[2]} />
   29          </View>
   30          <View style={styles.lastButtonLinesContainer}>
   31            <View style={styles.twoButtonLines}>
   32              <View style={styles.buttonsLine}>
   33                <CalcButtons buttons={this.buttons[3]} />
   34              </View>
   35              <View style={styles.buttonsLine}>
   36                <CalcButtons buttons={this.buttons[4]} />
   37              </View>
   38            </View>
   39            <View style={styles.enterButtonContainer}>
   40              <CalcButtons buttons={this.buttons[5]} />
   41            </View>
   42          </View>
```

```
43            </View>
44          </View>
45       );
46    }
```

　今回のプログラムでは計算結果の表示の実装が平坦になっていたので、そこをループで処理して、動的に生成するようにします（リスト05-18:10）。

　まず、[...Array(resultFlex).keys()]で配列を生成しています。keys()はイテレータを返すので、スプレッド演算子を使って配列にすることで、基本となる配列を取得しています。これはRubyやPythonなどでよく使われる **range** という概念をJavaScriptで実装したものです（ただし、range自体はもっと多機能です）。

　次に、reverse()で配列の順番を逆にしたものに対して、map関数で実際に表示するViewを返すようにします。もちろん、配列で処理をしているため、Viewにはkeyプロパティを追加する必要があります。

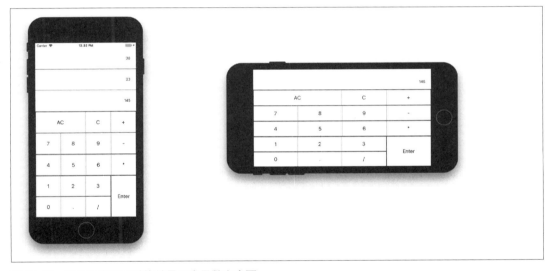

図05-15　回転に応じて計算結果の表示数を変更

　これで、電卓アプリの開発が完了です。
　Flex Layoutを使うと、このようにキレイにレイアウトを組むことができます。また、動的なレイアウト変更も簡単にできることがわかったでしょう。

第 6 章
UIライブラリによるTODOアプリの拡張

ここまではReact Nativeの機能だけでアプリケーションを開発してきましたが、UIに関しては、決してリッチであるとはいえません。実は、筆者自身も不得手な分野ではあるのですが、React Nativeにはデザインが得意ではない人でも洗練されて統一的なUIを持ったアプリケーションを作成するための仕組みが用意されています。それを実現するのが、**UIライブラリ**です。

6-1 nativebaseとReact Native Elements

React Nativeには、いくつかのUIライブラリと単独のコンポーネントが存在します。その中で筆者が実際に実装に使ったことがあり、優れていると思えたUIライブラリを紹介していきましょう。

nativebaseは、インドのGeekyAntsが主となって開発をしているUIライブラリです。

図06-01　NativeBase公式サイト（https://nativebase.io/）

NativeBaseは、UIライブラリとしてさまざまなコンポーネントを提供しているだけではなく、Viewコンポーネントに代わるコンポーネントを実装していたり、react-native-easy-gridを用いたFlexboxレイアウトをより直感的に扱う仕組みを持っていたりと、「いたせりつくせり」であるところが特長です。

少しばかりバグが目立つところと、クセが非常に強いライブラリでであるというところが問題といえば問題かもしれません。たとえば、CardコンポーネントをScrollViewで扱う際に問題が発生したバージョンがあるなど、品質には多少の不安があります。

もう1つ紹介するのは、**React Native Elements**というReact Native Trainingコミュニティが主となって開発しているUIライブラリです。

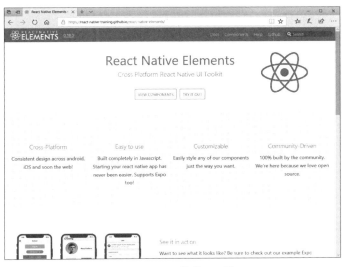

図06-02　React Native Elements公式ページ
（https://react-native-training.github.io/react-native-elements/）

　こちらは、UIのコンポーネントを集めたものとして捉えるとよいでしょう。特にReact Nativeをそのまま扱うため、ある程度作り込んでから追加する場合でも、大きな問題はありません。

　nativebaseもreact-native-elementsも同じような見た目を提供していますが、今回はSearchBarを使いたいので、それを簡単に実装できるReact Native Elementsを使って先に実装したTODOアプリのUIの改善を行っていきます[1]。

※1　実は、当初はnativebaseを使ってサンプルコードを記述していたのですが、Formの扱いでハマってしまったため、React Native Elementsを採用したという経緯があったりします。

6-2 React Native Elementsの導入

　ここでは、執筆段階の最新版である1.0.0-beta5を利用します。

　次のようにして、npmコマンドでインストールします。オプションで@betaを付けていることに注意してください。

```
コマンド06-01　react-native-elementのbeta版をインストール
$ npm install --save react-native-elements@beta
```

　それでは、react-native-elementを使って、TODOアプリを拡張していきましょう。段階的に、各パーツごとにカスタマイズしていきます。このように、部分ごとに対応できるのもReact Native Elementsの特長です。

6-3 SearchBarの導入

まずは、一番上の部分にある検索部分をReact Native ElementsのSearchBarに置き換えます。変更部分点は、次の通りです。

リスト06-01　App.js　tag:6-1-1

```jsx
// 1: SearchBarをインポート
import {
  SearchBar
} from 'react-native-elements'

// 省略

  render() {
    const filterText = this.state.filterText
    let todo = this.state.todo
    if (filterText !== "") {
      todo = todo.filter(t => t.title.includes(filterText))
    }
    // 2: SearchBarのplatformを決定
    const platform = Platform.OS == 'ios' ? 'ios' : 'android'
    return (
      <KeyboardAvoidingView style={styles.container} behavior="padding">
        { /* 3: SearchBar を実装 */ }
        <SearchBar
          platform={platform}
          cancelButtonTitle="Cancel"
          onChangeText={(text) => this.setState({filterText: text})}
          onClear={() => this.setState({filterText: ""})}
          value={this.state.filterText}
          placeholder="Type filter text"
        />
        <ScrollView style={styles.todolist}>
```

第6章 UIライブラリによるTODOアプリの拡張

```
28         // 省略
```

まずは、react-native-elementsからSearchBarをインポートしています（リスト06-01:1）。

次に、SearchBarにはplatformというプロパティがあるので、Platform.OSを使って決定します（リスト06-01:14）。

最後にSearchBarを実装します（リスト06-01:18）。

ここでのポイントは、SearchBar自体が高さを持っているので、それに検索部分のViewごと削除して置き換えているところです。これによって、styleの指定も必要なくなります。

また、SearchBarにはonClearというプロパティがあり、検索の文字列を消すために用いられます。この挙動は、単純にstateのfilterTextを空にするようにします。

このように、既成のパーツをそのまま使えるのがUIライブラリの強みです。

iOS

Android

図06-03　検索部分をSerachBarに置き換えたところ

6-4 テキスト入力とボタンをReact Native Elementsに置き換える

次に、テキスト入力とボタンをReact Native Elementsに置き換えてみましょう。変更点は、次の通りです。

リスト06-02　App.js tag6-1-2

```
import {
  StyleSheet,
  Text,
  View,
  StatusBar,
  Platform,
  ScrollView,
  FlatList,
  // 1: TextInputとButtonを削除
  //TextInput,
  //Button,
  KeyboardAvoidingView,
  AsyncStorage,
  TouchableOpacity,
} from 'react-native';
import {
  SearchBar,
  // 2: TextInputとButtonの代わりにreact-native-elementsのInputとButtonを利用
  Input,
  Button,
} from 'react-native-elements'
// 3: ボタンのアイコンを Feather から利用する
import Icon from 'react-native-vector-icons/Feather';

//省略

  render() {
```

```
28      //省略
29          </ScrollView>
30          <View style={styles.input}>
31            { /* 4: InputText を Input に変更 */ }
32            <Input
33              onChangeText={(text) => this.setState({inputText: text})}
34              value={this.state.inputText}
35              containerStyle={styles.inputText}
36            />
37            { /* 5: Button をアイコンのみのボタンにする */ }
38            <Button
39              icon={
40                <Icon
41                  name='plus'
42                  size={30}
43                  color='white'
44                />
45              }
46              title=""
47              onPress={this.onAddItem}
48              buttonStyle={styles.inputButton}
49            />
50          </View>
51        </KeyboardAvoidingView>
52      );
53    }
54 }
55
56 const styles = StyleSheet.create({
57   // 省略
58   // 6: inputの高さ調整とボタンの配置位置の調整のためpaddingRightを追加
59   input: {
60     height: 50,
61     flexDirection: 'row',
62     paddingRight: 10,
63   },
64   // 7: テキスト入力欄もpaddingを入れて配置をきれいに
```

```
65    inputText: {
66      paddingLeft: 10,
67      paddingRight: 10,
68      flex: 1,
69    },
70    // 8: 円形のボタンを作成するため幅と同じ大きさのborderRadiusを入れる
71    inputButton: {
72      width: 48,
73      height: 48,
74      borderWidth: 0,
75      borderColor: 'transparent',
76      borderRadius: 48,
77      backgroundColor: '#ff6347', // ポモドーロを意識してトマト色
78    },
79  //省略
```

まずは、既存のTextInputとButtonのインポートをコメントアウトし（リスト06-02:9）、代わりにReact Native ElementsからInputとButtonをインポートします（リスト06-02:18）。また、ボタンにアイコンを使うため、react-native-vector-icons/Featherをインポートして、Iconという名前で使えるようにします（リスト06-02:22）。

なお、react-native-vector-iconsは、Expoに標準で入っているライブラリで、さまざまなフォントアイコンを提供しています。アイコンの種類は、次のサイトから探すことができます。

● react-native-vector-icons directory
  https://oblador.github.io/react-native-vector-icons/

今回は追加であるため、「+」のアイコンが必要なので、上記のサイトから「plus」で検索して気に入ったデザインのフォントを選択しています。

次にスタイルの定義を変更します（リスト06-02:58, 64, 70）。Inputは少し高さに余裕があったほうがよいので、高さを50ほど確保してテキスト入力欄を目立たせるためにpaddingを調整しています。inputButtonの定義は、今までのボタンとはまったく違うものにしています。なお、コメントにあるポモドーロとは「ポモドーロテクニック」のことで、トマトの形をしたキッチンタイマーを使ってタスクを処理していく手法です。詳しくは、検索して調べて見てください[2]。

---

[2] アスキー・メディアワークスから『アジャイルな時間管理術　ポモドーロテクニック入門』（Staffan Noteberg 著、渋川よしき、渋川あき訳／ KADOKAWA ／ ISBN978-4-04-868952-6）という書籍も出版されています。

第6章 UIライブラリによるTODOアプリの拡張

では、InputTextをReact Native ElementのInputに変更するところを見ていきましょう。変更点は、styleではなくcontainerStyleを使うというところです。containerStyleは、Inputで扱うことができるテキスト入力欄やラベル、エラーメッセージの表示などをまとめた**コンテナ**に対するスタイルを定義するものです。

最後に、Buttonの実装を見てみましょう。今回は、ボタンを丸い＋ボタンとします。そのため、まずスタイルの定義（リスト06-02:70）でborderRadiusとwidthとheightを同じ大きさに設定し、それをbuttonStyleに渡すことで丸いボタンを定義します。次に、iconを定義します。これは、22行目でインポートしたIconを使います。Iconでは、nameプロパティにアイコンの名前を渡すことでFeatherフォントから該当のアイコンを選択できます。今回は、先ほど紹介したサイトで「plus」という名前で探したアイコンがあったので、それを定義しています。また、ボタンっぽく見せるため大きさと色を調整しています。フォントアイコンは、大きさや色をさまざまに指定できるので、積極的に使っていくとクールなデザインに仕上がります。

iOS

Android

図06-04　テキスト入力とボタンを置き換えたところ

6-5 ListItemを実装

最後に、リストの表示をそれらしくするためにListItemを実装します。ここでの変更点は、主にTodoItem関数の実装です。

リスト06-03　App.js　tag: 6-1-3

```
import {
  SearchBar,
  Input,
  Button,
  // 1: ListItemを追加
  ListItem,
} from 'react-native-elements'
import Icon from 'react-native-vector-icons/Feather'
// 2: done IconがあるMaterialIconsを追加
import Icon2 from 'react-native-vector-icons/MaterialIcons'

const STATUSBAR_HEIGHT = Platform.OS == 'ios' ? 20 : StatusBar.currentHeight;
const TODO = "@todoapp.todo"

// 3: TodoItemでTextではなくListItemを返すようにする
const TodoItem = (props) => {
  // 4: スタイルの入れ替えではなくアイコンの差し替えをするように変更
  let icon = null
  if (props.done === true) {
    icon = <Icon2 name="done" />
  }
  return (
    <TouchableOpacity onPress={props.onTapTodoItem}>
      <ListItem
        title={props.title}
        rightIcon={icon}
        bottomDivider
```

```
28          />
29      </TouchableOpacity>
30    )
31 }
```

まずは、先ほどと同様に、React Native ElementsのListItemをインポートします（リスト06-03:5）。

次に、今度は別のアイコンを使うために、react-native-vector-icons/MaterialIconsをIcon2という名前でインポートします（リスト06-03:9）。

さらに、TodoItemの実装で、TouchableOpacityの中でTextを返していたものをListItemに変更します。ListItemではアイコンを使うことができるので、完了したタスクに対してdoneアイコンを渡すように処理を変更します（リスト06-03:17）。最後にbottomDividerを定義することで、リストを目立たせるようにします。

なお、ListItemの実装時にFlatListの実装に手を加えてないことに注目してください。このように、React Nativeが本来提供しているものと相性がよいことも、React Native Elementsの特徴です。

ここまでのカスタマイズでUIライブラリを使った新しい実装が完成です。

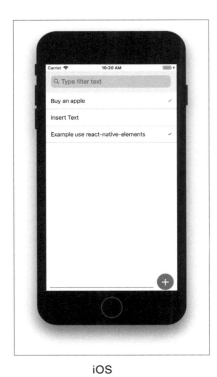
iOS

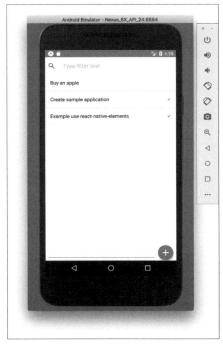
Android

図06-05　完成したTODOアプリ

6-6 iPhone Xへの対応

本章の最後に、第4章で扱わなかった**iPhone Xへの対応**を行いましょう。

ここまでカスタマイズしたTODOアプリをiPhone Xで動かすと、次のようになってしまいます。

図06-06　TODOアプリ iPhone X 改良前

iPhone Xでは、`ATUSBAR_HEIGHT`の値を44に設定する必要があります。なぜなら、カメラの部分とUIが被ってしまうからです。また、画面が丸くなっているのと、HOMEにアクセスするバーがテキスト入力と被ってしまっているため、操作性にも問題があります。

では、最適化を進めていきましょう。

まず、iPhone Xを扱うための便利なパッケージである**react-native-iphone-x-helper**をインストールします。

第6章 UIライブラリによるTODOアプリの拡張

- react-native-iphone-x-helper
  https://github.com/ptelad/react-native-iphone-x-helper

コマンド06-02　react-native-iphone-x-helperをインストール
```
$ npm install react-native-iphone-x-helper --save
```

react-native-iphone-x-helperを使って修正をしていきます。

リスト06-04　App.js　tag: 6-1-4
```js
// 1: react-native-iphone-x-helper から ifIphoneXとgetStatusBarHeightをインポート
import { ifIphoneX, getStatusBarHeight } from 'react-native-iphone-x-helper'

// 2: OSごとの処理を getStatusBarHeight() に置き換え
const STATUSBAR_HEIGHT = getStatusBarHeight()
// 省略

const styles = StyleSheet.create({
  // 省略
  // 3: ifPhoneXを使って高さとpaddingBottomを変更
  input: {
    ...ifIphoneX({
      paddingBottom: 30,
      height: 80,
    }, {
      height: 50,
    }),
    height: 70,
    flexDirection: 'row',
    paddingRight: 10,
  },
  //省略
```

まずは必要な2つの関数をインポートします（リスト06-04:1）。

次に、STATUSBAR_HEIGHTをgetStatusBarHeight()の結果に置き換えます（リスト06-04:4）。この関数はAndroidの高さ計算もサポートしているため、そのまま置き換えが可能です。

最後に、styleの変更をします（リスト06-04:10）。まずは「HOME」にアクセスするバーと被らないようにするために、paddingBottomを使ってiPhone Xの場合は下から上に持ち上げます。また、そのとき

にViewの高さも変えないとおかしくなるため、heightを下から持ち上げた分だけ大きくします。

react-native-iphone-x-helperには、ほかにもisIphoneX()という関数があります。paddingBottomをする代わりに、高さが30程度のViewをこの関数を使って差し込むという手段も考えられます。

react-native-input-x-helper自体は、React NativeのDimensionsを使って大きさを測り、そこから単純にiPhone Xかどうかを判定しているだけです。今後、違うサイズのiPhone Xがリリースされたりした場合は、また別の実装が必要になるか、このパッケージのアップデートを利用する必要があるので注意してください。

とにかく、これでTODOアプリがiPhone Xにも対応できました。

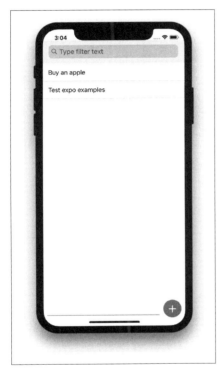

図06-07　TODOアプリ iPhone X対応修正後

UIライブラリやパッケージを使うと、簡単にアプリのデザインを作ったり変えたりできることがわかったでしょう。

次章では、データの扱い方について新しい概念を導入していきます。

第7章
React Nativeの状態管理

React Nativeには、状態を管理するための仕組みとしては、**props**と**state**の2つしかありません。そのため、多数の画面があるソフトウェアを作成するためには、いくつかの工夫が必要となります。

もっとも原始的な方法は、違う画面に対してひたすらpropsを渡し続けて、かつ元の画面に戻ってきたときに整合性を取るようにすることです。これは比較的簡便な方法ですが、状態の管理が複雑になりがちで、複雑な画面遷移では破綻してしまうことも少なくありません。たとえば、タブを含むインターフェイスなどでは、まずうまくいきません。そのため、状態を管理するための何らかの仕組みが必要となってきます。

7-1 Fluxアーキテクチャとは

Flux アーキテクチャとは、Facebookが提唱した**データとアプリケーションをマッピングさせるための仕組み**です。Fluxアーキテクチャでもっとも重要なことは、情報が一方向にしか流れないという仕組みです。

- flux/examples/flux-concepts at master · facebook/flux · GitHub
  https://github.com/facebook/flux/tree/master/examples/flux-concepts

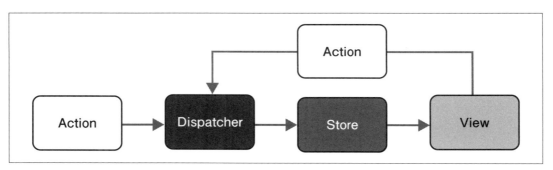

図07-01　Facebookによる「Fluxではデータがシステムをどのように流れるか」という説明

図07-01は、上記のFluxを説明するページに掲載されているフロー図を引用したものですが、そこでは次のような説明がされています。

1. 画面からDispatcherに対してActionを送る
2. Dispactherは、すべてのStoreに対してActionを送る
3. Storeが更新されると、Storeを購読（subscribe）しているViewが更新される

また、DispaterへはAPIの返り値などが送られる可能性もあります。このように一方向に処理を流すことで、状態（Store）が管理され、画面との同期を取ることができるというわけです、。

Fluxアーキテクチャはとてもシンプルな仕組みですが、実装する際には**Redux**という仕組みを使うのが一般的です。

7-2 ReduxによるTODOアプリの状態管理

ReduxはFluxアーキテクチャを実装した仕組みで、React向けに**react-redux**というライブラリが提供されています。今回は、react-reduxを用いてTODOアプリの状態を管理するように再実装をしてみます。実装に取り掛かる前に知っておきたいのは、ReduxではDispatcherではなく**Reducer**という名前で実装されているということです。

実装を行っていきますが、その後の作業がしやすいように、ソースコードのレイアウトを変更しておきます。まず、srcディレクトリを作成し、App.jsをsrcディレクトリに移動して、TodoScreen.jsという名前に変更しておきます。

コマンド07-01　App.jsをsrcディレクトリに移動させて、TodoScreen.jsにリネーム

```
$ mkdir src
$ mv App.js src/TodoScreen.js
```

その上で、App.jsを作成します。

リスト07-01　新しいApp.js

```jsx
import React from 'react'
import TodoScreen from './src/TodoScreen'

export default class App extends React.Component {
  render() {
    return (
      <TodoScreen />
    )
  }
}
```

この段階では、これまでと同様の画面が表示されます。

次に、reduxおよびreact-reduxを導入します。

コマンド07-02　reduxおよびreact-reduxの導入

```
$ npm install redux --save
$ npm install react-redux --save
```

次に、最低限のReducerとStoreを作成していきます。

リスト07-02　src/todoReducer.js　tag:7-1-1

```js
const todos = (state = [], action) => {
  switch (action.type) {
    default:
      return state
  }
}
export default todos
```

まずは、TODOを扱うReducerを作成します。今回は特に何も扱わないので、空の実装として、どのアクションからの呼び出しであっても空の配列が返るようにします。

次に、Reducerを束ねるReducerを作成します。

リスト07-03　src/rootReducer.js　tag:7-1-1

```js
import { combineReducers } from "redux"
import todoReducer from './todoReducer'

export default combineReducers({
  todos: todoReducer
})
```

combineReducersは、複数のReducerを束ねる役目を持っています。今回はReducerが1つしかありませんが、大規模なアプリでは複数のReducerが存在して個々の役割がさまざまにあるため、それらを束ねるには必須の実装です。

そして、Storeの実装を行います。

リスト07-04　src/store.js tag:7-1-1

```js
import { createStore } from "redux"
import rootReducer from "./rootReducer"
```

```
3
4 export const store = createStore(rootReducer)
```

Storeは、渡されたReducerから状態を保持するための仕組みです。

最後に、App.jsをReduxに対応した形にします。

リスト07-05　App.js　tag: 7-1-1
```
1  import React from 'react'
2  import TodoScreen from './src/TodoScreen'
3  import { Provider } from "react-redux";
4  import { store } from "./src/store"
5
6  export default class App extends React.Component {
7    render() {
8      return (
9        <Provider store={store}>
10          <TodoScreen />
11        </Provider>
12      )
13    }
14 }
```

Providerは、子のコンポーネント（ここではTodoScreen）に対してconnect()関数を使えるようにすることと、storeを渡せることを可能にしています。これらの役割は、TodoScreenの改良時に説明します。

では、この段階で最低限動作することを確認しまておきましょう。なぜなら、この段階では単に空っぽのものを割り当てたに過ぎないからです。そして、次の段階で実際の状態管理を実装していきます。

そのために、ActionとActionCreatorを作成します。Actionは実際に使えるActionの定義を、ActionCreatorはViewからアクセスされる関数を指します。

リスト07-06　src/actions.js　tag:7-1-2
```
1 export const TODO = {
2   ADD: 'TODO_ADD',
3   TOGGLE: 'TODO_TOGGLE',
4 }
```

Actionは、シンプルに一意の名前を定義していきます。

第7章 React Nativeの状態管理

リスト07-07　src/actionCreators.js　tag:7-1-2
```js
import { TODO } from './actions'
export const addTodo = (text) => {
  return {
    type: TODO.ADD,
    text
  }
}

export const toggleTodo = (todo) => {
  return {
    type: TODO.TOGGLE,
    todo
  }
}
```

　ActionCreatorでは、アプリから受け取った値にtypeを付加してリターンする関数を作成します。addTodoでは追加するTODOのテキストのみを、toggleTodoでは完了したかどうかを反転させるtodoのアイテム自体を渡します。この実装は、TODOアプリでも似たようなデータの渡し方をしていたので、それを思い出してください。

　次に、todoReducerを変更していきます。

リスト07-08　src/todoReducer.js　tag:7-1-2
```js
import { TODO } from './actions'

const initialState = {
  todos: [],
  currentIndex: 0,
}

const todos = (state = initialState, action) => {
  switch (action.type) {
    case TODO.ADD:
      const newTodo = {title: action.text, index: state.currentIndex, done: false}
      return {
        ...state,
        todos: [...state.todos, newTodo],
```

196

```
15          currentIndex: state.currentIndex + 1
16        }
17      case TODO.TOGGLE:
18        const todoItem = action.todo
19        const todos = Object.assign([], state.todos)
20        const index = todos.indexOf(todoItem)
21        todoItem.done = !todoItem.done
22        todos[index] = todoItem
23        return {
24          ...state,
25          todos: todos
26        }
27      default:
28        return state
29    }
30  }
31  export default todos
```

まずは、initialStateという初期状態を示す変数を定義し、todosのstateが、これを参照するようにします。

次に、switch文で渡されたtypeごとに実装をしていきます。

TODO.ADDでは新しいTODOを追加していくので、新しいTODOアイテムを作成し、それをtodosに追加した上で、currentIndexをインクリメントした新しいstateをリターンします。

ここで重要なのが、必ず「**新しい**state」をリターンするということです。たとえば、返り値でcurrentIndexがないものを返してしまうと、currentIndexが存在なくなってしまい、プログラムとして正常に動作しなくなります。それを防ぐためにreturn文で...stateとスプレッド演算子を使って現在のstateと更新分のstateを合わせたものを返すようにしています。

また、TODO.TOGGLEの実装では、Object.assignでコピーを作成しているところにも注意が必要です。更新時には、新しいObjectを返す必要があるからです。

では、ここまでの実装をまとめて、TodoScreenで使えるようにしていきましょう。

リスト07-09　src/TodoScreen.js　tag: 7-1-2

```
1  //省略
2  // 1: react-reduxのconnect関数とactionCreatorsをインポート
3  import { connect } from 'react-redux'
4  import { addTodo, toggleTodo } from './actionCreators'
```

```
 5
 6  //省略
 7  // 2: defaultを削除し、classの名前をTodoScreenに
 8  class TodoScreen extends React.Component {
 9
10    constructor(props) {
11      super(props)
12      // 3: stateからtodosとcurrentIndexを削除
13      this.state = {
14        inputText: "",
15        filterText: "",
16      }
17    }
18    // 4: componentDidMount, saveTodo, loadTodoを削除
19
20    onAddItem = () => {
21      const title = this.state.inputText
22      if (title == "") {
23        return
24      }
25      // 5: 処理をactionCreatorsのaddTodoを使うように変更
26      this.props.addTodo(title)
27      this.setState({
28        inputText: ""
29      })
30    }
31
32    onTapTodoItem = (todoItem) => {
33      // 6: 処理をactionCreatorsのtoggleTodoを使うように変更
34      this.props.toggleTodo(todoItem)
35    }
36
37    render() {
38      const filterText = this.state.filterText
39      // 7: stateではなくpropsのtodosを参照するよう変更
40      let todo = this.props.todos
41      if (filterText !== "") {
```

```
42        todo = todo.filter(t => t.title.includes(filterText))
43      }
44      // 省略
45    }
46  }
47
48  // 8: todoReducerのstateをpropsへマップする関数を定義
49  const mapStateToProps = state => {
50    return {
51      todos: state.todos.todos,
52    }
53  }
54
55  // 9: actionCreatorsの関数をpropsへマップする関数を定義
56  const mapDispatchToProps = dispatch => {
57    return {
58      addTodo(text) {
59        dispatch(addTodo(text))
60      },
61      toggleTodo(todo) {
62        dispatch(toggleTodo(todo))
63      }
64    }
65  }
66
67  // 10: connect()関数を使ってTodoScreenコンポーネントとstateとactionCreatorsを繋げたコ
       ンポーネントをdefaultで返すようにする
68  export default connect(mapStateToProps, mapDispatchToProps)(TodoScreen)
```

まずは、react-reduxのconnect()関数とactionCreatorsで定義した関数をインポートします（リスト07-09:2）。

次に、defaultキーワードを削除して、コンポーネントの名前をAppからTodoScreenへ変更します（リスト07-09:7）。defaultを削除するのは、後述するconnect()関数で処理をしたコンポーネントがdefaultを使うためです。コンポーネントの名前変更は、単にわかりやすくするための処置です。

次に、mapStateToPropsとmapDispatchToPropsの2つの関数を見ていきます（リスト07-09:48, 55）。

mapStateToPropsは、状態（state）をpropsへとマッピングするための関数です。ここでは、todos: state.todos.todosと定義しているため、todoReducerのstateのtodosが、this.props.todosという名前

でアクセスできるようになります。なお、state.todosがtodoReducerにマッピングされているのは、rootReducerで定義をしているからです。

mapDispatchToPropsは、actionCreatorsで定義した関数を画面からアクセスできるようにpropsへとマッピングするための関数です。ここでは、「this.props.addTodo(text)という処理はactionCreatorsのaddTodo(text)にdispatchする」ということになります。

最後に、connect()関数でmapStateToPropsとmapDispatchToPropsをTodoScreenと関連付けてコンポーネントを返します（リスト07-09:10）。この際に、TodoScreenの代わりにdefaultキーワードを付けることで、マッピングされたコンポーネントが返されることになります。

これで、コンポーネントからマッピングされたstateおよびactionCreatorsが利用可能になったので、それに応じて処理を変更していきます。

まず、this.stateから不要になったものを削除します（リスト07-09:12）。そして、this.stateで関連付いていたcomponentDidMount、saveTodo、loadTodoを削除します（リスト07-09:18）。なお、ここで利用していた保存の処理は、後述する永続化の処理で扱います。

さらに、onAddItem関数での処理をthis.props.addTodoを呼び出すように変更します（リスト07-09:25）。同様に、onTapTodoItem関数での処理をthis.props.toggleTodoを呼び出すように変更します（リスト07-09:33）。これでactionCreatorsに処理を委譲することができます。

最後に、this.state.todoを参照していた部分は、this.props.todosを参照するように変更します（リスト07-09:39）。これでstateへの参照が可能になります。

この状態で実行すると、これまでと同様のTODOアプリとして機能することがわかります。では、この画面でのデータの流れをTODOの追加で整理してみましょう。

1. TODOを追加するためにonAddItemが呼び出される
2. this.props.addTodoを通してactionCreators.jsのaddTodoが呼び出される（Dispatch）
3. actionCreators.jsのaddTodoではtypeをTODO.ADDとして引数のtextを生成し、すべてのreducerに渡す
4. switch文でTODO.ADDをキャッチしたtodoReducerが新しいTODOを追加し、新しいstateを作成して返す
5. TodoScreen.jsでpropsが変更されたのを検知（componentWillReceiveProps）し、renderを再度呼び出す（第4章のReact.Componentのライフサイクルを参照してください）
6. renderで新しいpropsから新しいTODOを描画する

このように、Dispatcherが処理を受け取ってViewを更新するまでの処理が一方向に流れているのがわかります。

7-3 redux-persistによる永続化

永続化の処理を削除してしまったため、毎回空のTODOリストの作成から開始するようになってしまいました。それではTODOアプリとして機能しないので、永続化の仕組みを取り入れます。ここでは、redux-persistを用いてstoreの永続化を行ってみましょう。「persist」は、「存続する」という意味です。

- GitHub - rt2zz/redux-persist: persist and rehydrate a redux store
  https://github.com/rt2zz/redux-persist

まず、redux-persistをプロジェクトに追加します。

コマンド07-03　redux-presistを追加
```
$ npm install redux-persist --save
```

次に、src/store.jsの実装を変更します。

リスト07-10　src/store.js tag: 7-1-3
```js
import { createStore } from "redux"
// 1: redux-persistのモジュールをインポート
import { persistReducer, persistStore } from 'redux-persist'
import storage from 'redux-persist/lib/storage'
import rootReducer from "./rootReducer"

// 2: 永続化の設定を記述
const persistConfig = {
  key: 'TODO',
  storage,
  whitelist: ['todos', 'currentIndex']
}

// 3: rootReducerとpersistConfigから新しいreducerを作成
const persistedReducer = persistReducer(persistConfig, rootReducer)
```

```
16  const store = createStore(persistedReducer)
17  // 4: storeからpersistorオブジェクトを作成
18  export const persistor = persistStore(store)
19  export default store
```

まず、必要なモジュールをインポートします（リスト07-10:2）。なお、redux-persist/lib/storageは、React Nativeの場合はAsyncStorageを用いたものが利用されます。

次に、永続化の設定を記述します（リスト07-10:7）。永続化の設定に必須なのはkeyとstorageです。whitelistは、どれを永続化するかを設定しています。ただし、今回は必須ではありません。

そして、storeはrootReducerから生成していた部分を、persistConfigと組み合わせて生成した新しいreducer(persistedReducer)から生成するようにします（リスト07-10:14）。

次に、storeからpersistorオブジェクトを生成します（リスト07-10:17）。最後に、App.jsを変更していきます。

リスト07-11　App.js　tag:7-1-3

```
1   import React from 'react'
2   import TodoScreen from './src/TodoScreen'
3   import { Provider } from "react-redux";
4   // 1: storeとpersisterをインポートする
5   import store, { persistor } from "./src/store"
6   // 2: PersistGateをインポートする
7   import { PersistGate } from 'redux-persist/integration/react'
8
9   export default class App extends React.Component {
10    render() {
11      return (
12        <Provider store={store}>
13          { /* 3: PersistGateでコンポーネントを囲む */ }
14          <PersistGate loading={null} persistor={persistor}>
15            <TodoScreen />
16          </PersistGate>
17        </Provider>
18      )
19    }
20  }
```

まず、先ほどsrc/store.jsで定義をしたstoreおよびpersistorをインポートします（リスト07-11:4）。そして、PersistGateをインポートします（リスト07-11:6）。最後にTodoScreenコンポーネントをPersistGateで囲みます（リスト07-11:13）。PersistGateは永続化の読み込み処理が終わるまでレンダリングを制御する仕組みです。loadingではnullを指定していますが、ここでは、たとえばLoadingというコンポーネントを作っておけばloading={<Loading />}と記述することで、読み込み時に代わりに表示するコンポーネントを指定できます。

これで、永続化の仕組みが完成です。アプリケーションは、見た目も機能も今までと変わりはありませんが、TodoScreenコンポーネントから処理がいくつか消えて、かつデータの保持もできるようになっています。

今回はreduxを簡単に使ったサンプルでしたが、複雑な処理になるとredux-sagaなどの処理の並列化の仕組みなども必要になるケースがあります。そんな場合もreduxの導入がわかっていれば、比較的容易に実装できるはずです。

● GitHub - redux-saga/redux-saga
　https://github.com/redux-saga/redux-saga

第 8 章

地図アプリとGPSロガーアプリ制作で学ぶ
実践的React Native開発

第5章ではサンプルとして電卓アプリを作成しましたが、すべての機能がアプリ内で完結するという、もっとも基本的な形でした。ここでは、「地図アプリ」と「GPSロガー」という2つのアプリ制作を通じて、ライブラリの利用、ネットワークプリグラミング、GPSやカメラといったスマートフォンの機能の使い方など、本格的で実践的なReact Nativeプログラミングについて学んでいきます。

8-1 react-native-maps と react-navigation

　ここでは、まずreact-native-mapsというライブラリとreact-navigationを組み合わせて簡単な**トイレマップ**を作成します。トイレの位置は、OpenStreetMapの**Overpass API**を通して取得します。つまり、ネットワークプログラミングも含まれるというわけです。とはいえ、単にHTTP経由でデータを取得するだけという基本的なものなので、ネットワークプログラミングの基礎も学べると考えたほうがよいかもしれません。

8-1-1　react-native-mapsとは

　react-native-mapsは、もともとAirbnbが作成していたライブラリで、文字通り、React Nativeで地図を扱うためのライブラリです。現在はReact Communityによって開発が継続されており、筆者もある機能のコミッターを務めています。

- GitHub - react-community/react-native-maps
  https://github.com/react-community/react-native-maps

　特長としては、iOSであればAppleの地図を、AndroidであればGoogle Mapsを利用するようになっていることです。ただし、iOSでもGoogle Mapsの利用は可能です。
　地図ライブラリとしては十分な機能を持っていますが、もとのインターフェイスに依存した作りが多いところもあるため、Webで広く使われている地図を扱うためのJavaScriptライブラリの**Leaflet**[1]や**OpenLayers**[2]などに比べるとクセが強いところがあります。たとえば、表示倍率を設定する「ズームレベル」という概念が基本的にはないといったことが挙げられます。
　Expoではreact-native-mapsを標準の地図ライブラリとして採用しているため、そのまま利用が可能です。

※1　軽量なWeb地図ライブラリです。主にタイルという概念の地図をサポートしています。基本的な機能のみを搭載しているため、必要な機能をプラグインで拡張していくのが特徴です。https://leafletjs.com/
※2　フルスタックなWeb地図ライブラリです。タイル以外にもさまざまなフォーマットに対応しており、機能も標準で豊富に揃っています。しかし、Leafletに比べるとライブラリのサイズがかなり大きいのがデメリットです。https://openlayers.org/

8-1-2　react-navigationとは

react-navigationは、React上で画面遷移を行うための比較的よく使われているライブラリです。

- GitHub - react-navigation/react-navigation
  https://github.com/react-navigation/react-navigation

比較的と書いたのは、同様に画面遷移を扱うライブラリがほかにも存在しているからです。たとえば、react-native-router-fluxなどがあります。

今回のアプリケーションでは、トイレの位置を押したときに詳細画面に飛ぶようにします。

8-2 トイレマップを作成

まず最初にプロジェクトを作成し、開発を開始します。

コマンド08-01　ToiletMapの作成とプロジェクトの開始
```
$ exp init ToiletMap
$ cd ToiletMap
$ exp start
```

手始めに標準的な地図の表示から始めましょう。App.jsをリスト08-01のように変更します。

リスト08-01　App.js　tag:8-1-1
```
 1  import React from 'react';
 2  import { StyleSheet, Text, View } from 'react-native';
 3  // 1: MapViewをインポート
 4  import { MapView } from 'expo';
 5
 6  export default class App extends React.Component {
 7    render() {
 8      return (
 9        <View style={styles.container}>
10          { /* 2: MapViewを配置 */ }
11          <MapView
12            style={styles.mapview}
13            initialRegion={{
14              latitude: 35.681262,
15              longitude: 139.766403,
16              latitudeDelta: 0.00922,
17              longitudeDelta: 0.00521,
18            }}>
19          </MapView>
20        </View>
```

```
21        );
22    }
23 }
24
25 const styles = StyleSheet.create({
26   container: {
27     flex: 1,
28     backgroundColor: '#fff',
29     alignItems: 'center',
30     justifyContent: 'center',
31   },
32   // 3: MapViewに対応したスタイル
33   mapview: {
34     ...StyleSheet.absoluteFillObject,
35   },
36 });
```

最初に、expoからMapViewをインポートします（リスト08-01:3）。expoは、先述のとおり、Expo SDKが提供しているモジュールで、さまざまなライブラリを提供しています。提供しているライブラリについては、Expo SDKの公式ドキュメントを参照してください。

● Quick Start - Expo Documentation
　https://docs.expo.io/versions/latest/

次に、MapViewを配置します（リスト08-01:10）。initialRegionプロパティで初期表示位置の中心となる座標（latitudeとlongitude）と表示の大きさ（latitudeDeltaとlongitudeDelta）を指定します。ここで中心位置として指定している座標は、東京駅です。表示の大きさは、**1を111キロメートルとした場合の比率**となっています。また、longitudeDeltaの値は必須ですが、極端に小さい値を指定するとlatitudeDeltaのほうが優先されるようです。実際にlongitudeDeltaの値を0.00001に設定しても、同じようなズームの地図が表示されます。

最後に、スタイルを設定します（リスト08-01:32）。ここで指定しているStyleSheet.absoluteFillObjectは、上のコンポーネントの全体の大きさを埋めるようにするためのパラメータで、Objectとして実装されていることからスプレッド演算子を使って展開できます。

これだけで、地図の表示まで可能になりました。

図08-01　地図の表示

では、**マーカー**を東京駅の座標に配置してみましょう。リスト08-02のように書き換えます。

リスト08-02　App.js　tag:8-1-2

```
import React from 'react';
import { StyleSheet, Text, View } from 'react-native';
import { MapView } from 'expo';

export default class App extends React.Component {
  render() {
    return (
      <View style={styles.container}>
        <MapView
          style={styles.mapview}
          initialRegion={{
            latitude: 35.681262,
            longitude: 139.766403,
            latitudeDelta: 0.00922,
```

```
15            longitudeDelta: 0.00521,
16          }}>
17          { /* 1: Markerを配置 */ }
18          <MapView.Marker
19            coordinate={{
20              latitude: 35.681262,
21              longitude: 139.766403
22            }}
23            title="東京駅"
24          />
25        </MapView>
26      </View>
27    );
28  }
29 }
30
31 // スタイルは省略
```

まず、MapViewの中にMapView.Markerを配置します（リスト08-02:17）。そして、MapView.Markerのcoordinateプロパティに実際の座標を指定しています。titleプロパティには、タップしたときに表示される文字列を指定します。

この段階で、図08-02のように表示されていれば成功です。

図08-02　マーカーを表示

次に、OpenStreetMapからトイレの情報を取得して表示するのですが、その前に取得するときに使うボタンを作りましょう。

リスト08-03　App.js　tag:8-1-3

```
import React from 'react';
// 1: TouchableOpacityを追加
import { StyleSheet, Text, View, TouchableOpacity } from 'react-native';
import { MapView } from 'expo';

export default class App extends React.Component {
  // 2: fetchToilet関数を追加、まだ何もしない
  fetchToilet = () => {
  }
  render() {
    return (
      <View style={styles.container}>
        <MapView
```

```
14            style={styles.mapview}
15            initialRegion={{
16              latitude: 35.681262,
17              longitude: 139.766403,
18              latitudeDelta: 0.00922,
19              longitudeDelta: 0.00521,
20            }}>
21            <MapView.Marker
22              coordinate={{
23                latitude: 35.681262,
24                longitude: 139.766403
25              }}
26              title="東京駅"
27            />
28          </MapView>
29          { /* 3: ボタンのコンテナとボタンを追加 */ }
30          <View style={styles.buttonContainer}>
31            <TouchableOpacity
32              onPress={() => this.fetchToilet()}
33              style={styles.button}
34            >
35              <Text style={styles.buttonItem}>トイレ取得</Text>
36            </TouchableOpacity>
37          </View>
38        </View>
39      );
40    }
41 }
42
43 const styles = StyleSheet.create({
44   container: {
45     flex: 1,
46     backgroundColor: '#fff',
47     alignItems: 'center',
48     justifyContent: 'flex-end', // 4: 画面下から並ぶように指定
49   },
50   mapview: {
```

```
51      ...StyleSheet.absoluteFillObject,
52    },
53    // 5: ボタンを配置するためのコンテナなどのスタイル
54    buttonContainer: {
55      flexDirection: 'row',
56      marginVertical: 20,
57      backgroundColor: 'transparent',
58      alignItems: 'center',
59    },
60    button: {
61      width: 150,
62      alignItems: 'center',
63      justifyContent: 'center',
64      backgroundColor: 'rgba(255,255,255,0.7)',
65      paddingHorizontal: 18,
66      paddingVertical: 12,
67      borderRadius: 20,
68    },
69    buttonItem: {
70      textAlign: 'center'
71    },
72  });
```

　今回は、TouchableOpacityを使ってボタンを作ります。そのために、TouchableOpacityをインポートします（リスト08-03:2）。

　次に、空の関数fetchToilet()を作っておきます（リスト08-03:7）。実装は、あとで行います。

　そして、ボタンを配置するためのコンテナと実際のボタンを作成します（リスト08-03:29）。ボタンを画面の下部に配置するため、styles.containerのjustifyContentをflex-endに変更します（リスト08-04:48）。

　最後に、ボタンのコンテナとボタンのスタイルを作成します（リスト08-04:53）。

　これで、図08-03のような画面になれば成功です。

図08-03　ボタンを配置

ボタンの配置が終われば、あとは実装と行きたいところですが、その前に、利用するデータの配信元であるOpenStreetMapのOverpass APIについて解説しておきましょう。

8-2-1　Overpass APIとは

Ovarpass APIは、OpenStreetMapのデータベースから範囲に応じたクエリを発行してデータを取得する読み取り専用のAPIです。Ovarpass API自体はOpenStreetMapから独立していて、現在は**overpass-api.de**というサイトがパブリックなホスティングを行っています[※3]。

- overpass-api.de
  https://overpass-api.de/

※3　筆者も自分で構築を試したことがありましたが、検索用のデータベースが巨大になりすぎてパブリックに提供するのはなかなか難しそうという印象です。

Overpass APIには、**Overpass XML**と**Overpass QL**という2つの検索の仕方があります。今回は、このうちのOverpass QLを利用します。Overpass APIを体感にするには、まずOverpass Turboというサイトに行きます。

● Overpass Turbo
https://overpass-turbo.eu/

最初に訪れたときには、左側にクエリを入力するフォームが、左側にローマの地図が表示されているでしょう。この状態で画面上部の「実行」ボタンを押してみます。すると、画面右側の地図に、丸い点が数多く表示されます。

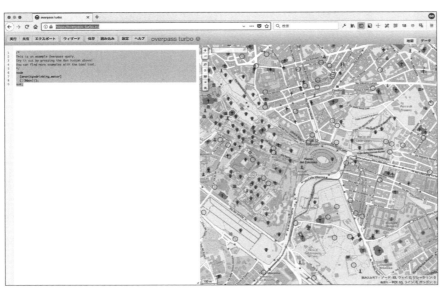

図08-04　Overpass API実行後のOverpass Turbo

実は、この丸い点は水飲み場があるところを示しています。では、左側のクエリに注目してください。リスト08-04のようになっているはずです。

リスト08-04　Overpass Turboのクエリ

```
1  /*
2  This is an example Overpass query.
3  Try it out by pressing the Run button above!
4  You can find more examples with the Load tool.
5  */
6  node
7    [amenity=drinking_water]
8    ({{bbox}});
9  out;
```

このクエリでは、amenityタグがdrinking_waterとなっているnodeをbboxの範囲内で検索して返すという命令になっています。

おそらく、これだけではわからないと思うので、まずはOpenStreetMapでの地図データの概念について説明しておきましょう。

OpenStreetMapのデータは、node、way、relationという3つの要素の備えており、それぞれにKey Valueを持つデータの集合となります。

また、それらを**XMLで表現しているのが特徴**です。たとえば水飲み場を示すノードは、次のように表現されます（説明用にいくつかの要素を簡略化しています）。

リスト08-05　OpenStreetMapのnodeの例

```
1  <node id="1628530585" lat="35.6763287" lon="139.7133489">
2    <tag k="amenity" v="drinking_water"/>
3  </node>
```

nodeは、データに関するすべての点を表しています。そして、点にデータがある場合はnodeの子要素としてtagタグがあり、kがkey、vがvalueとして表現されます。このノードはamenity=drinking_waterとなっているので、水飲み場であることがわかりますます。

一方、wayは、線とポリゴンのデータを表しています。

リスト08-06　OpenStreetMapのwayの例

```
1  <way id="138698489">
2    <nd ref="1520857530"/>
3    <nd ref="1520857529"/>
```

```
 4  <nd ref="1520857502"/>
 5  <nd ref="1520857503"/>
 6  <nd ref="1520857509"/>
 7  <nd ref="1520857510"/>
 8  <nd ref="1520857539"/>
 9  <nd ref="1520857531"/>
10  <nd ref="1520857530"/>
11  <tag k="amenity" v="place_of_worship"/>
12  <tag k="building" v="yes"/>
13  <tag k="name" v="明治神宮会館 (Meiji Jingu Kaikan)"/>
14  <tag k="name:fr" v="Salle de r?union du Meiji-jing?"/>
15  <tag k="religion" v="shinto"/>
16  <tag k="source" v="Bing,2007-04"/>
17  </way>
```

　リスト08-06に示した例は、ある建物のポリゴンを表現しています。ndタグはnodeのid要素への参照になっていて、wayは9個の点をつないだものとして表現されています。

　また、この場合のwayはndタグの最初と最後が同じnodeを指しているため、実際には8辺のポリゴンとして表現されるということになります。そして、このポリゴンもデータを持つので、nodeと同様に、tagタグがKey Valueを持っています。この場合はamenity=place_of_worshipなので宗教施設となり、religion=shintoとあることから神道の施設であることがわかります。

　ほかにもrelationがありますが、これは指定したnodeやwayなどの関連付けをするために利用します。たとえばポリゴンに外側（outer）と内側（inner）という関連を持たせると、建物の内部が吹き抜けになっているような建物や、大きな公園にある池の中の土地などを表現できます。

　このように、OpenStreetMapでは、表示するための地図以外にさまざまなデータを格納することが可能です。たとえば、車椅子の人が入れるかどうかということも格納していますが、非常に重要なデータといえるでしょう。

> **Column** OpenStreetMapは地図ではなくデータである
>
> 　OpenStreetMapは、誰でも自由に利用でき、なおかつ編集機能のある世界地図データをを作るための共同作業プロジェクトです。OSM財団（OpenStreetMap Foundation）が運営を行っています。日本では、東日本大震災で注目を集め、現在は日本の地域だけでも2万人以上のユニークユーザーが編集を行っています[※]。

※　統計は筆者がスクリプトを作成して集計したものです。

OpenStreetMap (https://www.openstreetmap.org/)

　ただし、地図画像として**目で見ることが可能なデータ**は、ほんの一部でしかありません。たとえば、ここで扱うtoilets:wheelchairなどのタグは、地図画像として表示されることはほとんどありません。しかしながら、このデータを利用したアプリケーションはたくさんあります。

　筆者は、OpenStreetMapで扱うのは、あくまでもデータであるという考え方をしています。あくまでもデータが先にあり、その使用例として地図画像として出力されるという考え方です。もちろん、ほかの地図会社にも同じことがいえるでしょう。

　OpenStreetMapにデータを登録する際、地図画像のレンダリングを優先したデータを格納する人がいるのですが、それは大きな間違いです。

　OpenStreetMapのデータは、最近ではルーティング（最短経路探索）のためのデータとしても使われており、日本では実際に日立製作所がOpenStreetMapのデータをもとにルーティングのアプリケーションを作成しています。筆者も、特定の地域向けに車椅子の人と視覚障害を持った人のためのルーティングアプリケーションをRuby on RailsとReact Nativeで作成しています。

● **筆者がプレゼンテーションしたときの資料**
　https://speakerdeck.com/smellman/mobile-app-development-with-routing-and-voice-navigation

　また、データとしての活用に**ベクトルタイル**という技術があります。これは、地図を画像として出力するのではなくベクトルデータとして出力し、クライアント側でレンダリングするという仕組みです。OpenStreetMapを使ったベクトルタイルの実装では、事実上、**Mapbox Vector Tile**が標準になっています。

● Mapbox Vector Tile Specification ¦ Mapbox
　https://www.mapbox.com/vector-tiles/specification/

　ベクトルタイルを使うと自在に地図のデザインをクライアント側で生成できるので、注目したい主題を決め

て、それを強調したような地図を作成可能です。今回作成するトイレマップも、Mapbox GL Nativeを使えばトイレに注目したマップになっているものなども作成できます。

また、OpenStreetMapのデータの活用例で有名なのが、「Humanitarian OpenStreetMap Team（HOT）」による活動です。HOTは、災害や疫病などの人的被害が大きい地域をOpenStreetMapをもとに支援を行うチームです。発展途上国でコレラなどの疫病が流行った場合、ワクチンを届けようにも、そのための道がわからないといった問題が起きるのです。HOTでは、Task Managerを使って世界中のボランティアが地図を作るための支援を募り、作成された地図をもとに赤十字などの団体が支援に向かうわけです。それ以外にも、建物の数から必要なワクチンの数を推定したり、災害時に避難所などをわかりやすくした**Humanitarianスタイルの地図**を提供したりと、OpenStreetMapがデータであるからこそのさまざまな支援が行われています。

これらは、OpenStreetMapがデータであることこそが重要だと捉えているから可能であるといえます。普段閲覧してる地図の裏側にはいろんな側面があるということを意識してもらえると、地理空間エンジニアである筆者としては幸いです。

さて、リスト08-05のクエリではamenity=drinking_waterに対して検索を行っていました。これは、その上にnodeと記載されているため、OpenStreetMapのデータのnodeタグの情報を検索するようになります。

bboxは、Overpass Turboが提供している機能です。bboxはBounding Boxの略で、GIS（Geographic Information System：地理情報システム）の世界ではbboxと略すのが一般的です。Overpass Turboのbboxは、画面に表示している地図のエリアを指します。実際にプログラムを行う場合には({{bbox}})という範囲の指定はできず、代わりに(south,west,north,east)と各座標を定義します。

今回はトイレマップを作成するので、トイレの情報を集めます。外のトイレはamenity=toiletsと定義されているので、Overpass Turboで次のようにクエリを指定します。

リスト08-07　amenity=toiletsを指定

```
node
  [amenity=toilets]
  ({{bbox}});
out;
```

これでトイレの位置が描画されますが、あまり数が多くありません。これは、amenity=toiletsは、公共トイレだけを示しているためです。そこで、toilets:wheelchair=yesとして、対象を増やしましょう。OpenStreetMapのKeyは、「:」を付けて属性を増やすことができます。とりわけ多く使われているのが、toilets:wheelchairなどの車椅子の人向けのタグです。お店などではトイレがあるのは普通ですが、車椅子の人がアクセスできるかどうかという判別があれば、たいていはそこに他のトイレもあると推測できます。バリアフリーのための情報は、このように活用することも可能なのです。

では、対象のnodeを追加しましょう。クエリは、リスト08-08のようになります。

リスト08-08　2種類のnodeを指定

```
1  (
2    node
3      [amenity=toilets]
4      ({{bbox}});
5    node
6      ["toilets:wheelchair"=yes]
7      ({{bbox}});
8  );
9  out;
```

　まず全体を「();」で囲み、2つ分のnodeのクエリを記述します。「();」で囲むことで、集合としてみなされるようになります。実は、これをローマで実行してみてもうまくいきません。バリアフリーの情報は地域差があり、イタリアではあまり充実していないからです。

　では、地図を東京駅付近まで移動させてから実行してみましょう。

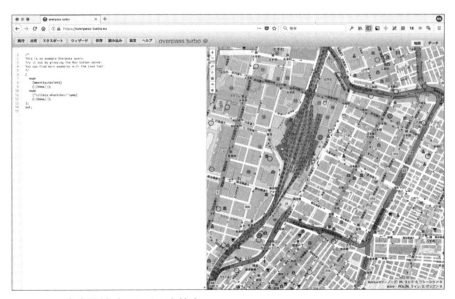

図08-05　東京駅付近でトイレを検索

　かなりの数のトイレが表示されました。今回使うクエリとしてよさそうですが、出力フォーマットの指定をしておかなければなりません。Overpass Turboではフォーマットの指定をしなくてもよいのですが、実際のデータはJSONで受け取らないとパース処理が大変なので、[out:json];というキーワードを指定します。

これでプログラムの作成ができそうですが、bboxの取得処理を追加しておく必要があります。多くの地図ライブラリではbboxの取得はできるのですが、react-native-mapsにはありません。そこで、turf.jsを使って実装を行います。

8-2-2 turf.jsとは

turf.jsは、地理空間情報の計算などを行うためのJavaScriptライブラリです。従来はサーバサイドで実装されることが多かったかなりの処理を実装していて、クライアントサイドで簡単に計算ができるのが特徴です。

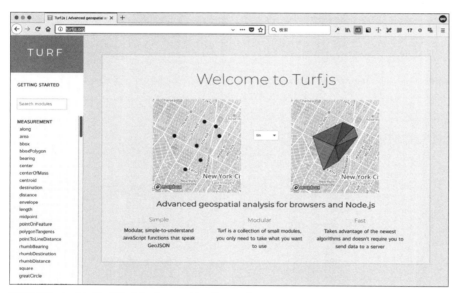

図08-06　turf.js公式サイト（https://turfjs.org/）

turf.jsは、単独では500KB以上の大きなファイルですが、機能ごとに切り分けてインストールすることが可能です。今回は、distanceという機能を使って中心点からの距離を計算するようにします。

まずはturf.jsをインストールしましょう。コマンドラインで、次のようにnpmを実行します。

コマンド08-02　@turf/destinationをインストール
```
$ npm install @turf/destination
```

そして、App.jsに追加していきます。

リスト08-09　App.js　tag:8-1-4

```js
import React from 'react';
import { StyleSheet, Text, View, TouchableOpacity } from 'react-native';
import { MapView } from 'expo';
// 1: turf で使う関数をインポート
import {
  point
} from '@turf/helpers'
import destination from '@turf/destination'

export default class App extends React.Component {
  constructor(props) {
    super(props)
    this.state = {
      elements: [], // 2: APIで取得した要素
      // 3: bboxの指定
      south: null,
      west: null,
      north: null,
      east: null,
    }
  }

  // 4: 地図の画面が変更されるたびにbboxを計算
  onRegionChangeComplete = (region) => {
    const center = point([region.longitude, region.latitude])
    // 5: 111キロメートルから中心点から縦幅、横幅を計算
    const verticalMeter = 111 * region.latitudeDelta / 2
    const horizontalMeter = 111 * region.longitudeDelta / 2
    // 6: 実際の距離を計算
    const options = {units: 'kilometers'}
    const south = destination(center, verticalMeter, 180, options)
    const west = destination(center, horizontalMeter, -90, options)
    const north = destination(center, verticalMeter, 0, options)
    const east = destination(center, horizontalMeter, 90, options)
    // 7: 計算結果(GeoJSON)からbboxを保存する
    this.setState({
```

```
37        south: south.geometry.coordinates[1],
38        west: west.geometry.coordinates[0],
39        north: north.geometry.coordinates[1],
40        east: east.geometry.coordinates[0],
41      })
42    }
43
44    // 8: fetchToilet内でawaitを使うのでasyncに
45    fetchToilet = async () => {
46      const south = this.state.south
47      const west = this.state.west
48      const north = this.state.north
49      const east = this.state.east
50      // 9: テンプレートリテラルを使ってbboxを展開
51      const body = `
52    [out:json];
53    (
54      node
55        [amenity=toilets]
56        (${south},${west},${north},${east});
57      node
58        ["toilets:wheelchair"=yes]
59        (${south},${west},${north},${east});
60    );
61    out;
62    `
63      // 10: fetch関数に渡すoptionを指定
64      const options = {
65        method: 'POST',
66        body: body
67      }
68      // 11: fetch関数でOverpass APIのエントリポイントにアクセスし、取得したJSONを保存
69      try {
70        const response = await fetch('https://overpass-api.de/api/interpreter', options)
71        const json = await response.json()
72        this.setState({elements: json.elements})
73      } catch (e) {
```

8-2 トイレマップを作成

```
74        console.log(e)
75      }
76    }
77    render() {
78      return (
79        <View style={styles.container}>
80          { /* 12: onRegionChangeCompleteを関連付け */ }
81          <MapView
82            onRegionChangeComplete={this.onRegionChangeComplete}
83            style={styles.mapview}
84            initialRegion={{
85              latitude: 35.681262,
86              longitude: 139.766403,
87              latitudeDelta: 0.00922,
88              longitudeDelta: 0.00521,
89            }}>
90            { /* 13: マーカーをstateのelementsから配置するようにする */}
91            {
92              this.state.elements.map((element) => {
93                let title = "トイレ"
94                if (element.tags["name"] !== undefined) {
95                  title = element.tags["name"]
96                }
97                return (<MapView.Marker
98                  coordinate={{
99                    latitude: element.lat,
100                   longitude: element.lon,
101                 }}
102                 title={title}
103                 key={"id_" + element.id}
104               />)
105             })
106           }
107         </MapView>
108         <View style={styles.buttonContainer}>
109           <TouchableOpacity
110             onPress={() => this.fetchToilet()}
```

```
111                style={styles.button}
112              >
113                <Text style={styles.buttonItem}>トイレ取得</Text>
114              </TouchableOpacity>
115            </View>
116         </View>
117       );
118     }
119 }
120
121 // styleは省略
```

まずは、turf.jsで利用する関数のみをインポートします（リスト08-09:4）。

コンストラクタでは、stateにAPIで取得した要素を入れるelementsとbboxを指定するための変数を指定します（リスト08-09:23）。

次に、render関数内のMapViewの定義で、onRegionChangeCompleteイベントにthis.onRegionChangeCompleteを関連付けます（リスト08-09:80）。onRegionChangeCompleteでは、変更後のregionが取得できるので、これを用いてbboxを計算します。実際の計算は、onRegionChangeComplete関数で行います（リスト08-09:23）。

距離の定義は、画面全体の横幅（キロメートル単位）は111とdeltaを掛け算することで取得できますが、中心点からの距離なので半分に割ります（リスト08-09:26）。これは、あくまでもおおよその値であって、回転するとずれてしまったり、北極や南極に向かうほどずれが生じるものであるということに注意してください。とはいえ、実用上はそれほど問題にはならないはずです。

そして、実際の距離を計算します（リスト08-09:29）。計算結果は、すべてGeoJSON形式で取得できるので、それらをsetStateで保存します（リスト08-09:35）。なお、GeoJSONでは座標の並びが「longitude, latitude」の順番であることに気をつけてください。

Column 「latitude, longitude」と「longitude, latitude」

地図のライブラリを使う際に注意をしてほしいのが、座標の指定が「latitude, longitude」という並びなのか、「longitude, latitude」という並びなのかという違いです。Google Mapsなどを使ったことがあるなら、「latitude, longitude」という並びに慣れているでしょう。

しかし、地理情報システム（GIS：Geographic Information System）では、多くのライブラリが「longitude, latitude」という並びで座標を扱っていて、「latitude, longitude」の順であるGoogle Mapsなどは少数派なのです。

これは、非常に単純な理由で、「longitude, latitude」の並びは、コンピュータ座標や数学の座標でいうところの「x, y」の順番だからです。一般的にいって、2軸の座標の指定であれば、「y, x」といった並びは使わないでしょう。

　では、なぜ「latitude, longitude」という並びを使うのかというと、はっきりとした理由はわかりませんが、単純に文字数がlatitudeのほうが小さいということくらいしか思いつきません。それでも、Google Mapsが流行ってからは、いくつかのライブラリが「latitude, longitude」という並びを採用しています。

　さらに困ったことに、最近のライブラリでは「やはり『longitude, latitude』の並びのほうが自然だろう」ということで、座標の扱いの流行りも変わっていってきています。

　事実上の決定打となっているのは、GeoJSONの流行です。GeoJSONは地理データをJSON形式で扱う標準のフォーマットで、このフォーマットが「longitude, latitude」の並びを採用していることから、最近ではごく自然に受け入れられているようになっています。

　本章で扱うreact-native-mapsは、「latitude, longitude」という組み合わせでデータを扱いますが、turf.jsおよび第10章で扱うmapbox-gl-nativeでは「longitude, latitude」の並びでデータを扱います。

　さて、次にfetchToilet関数を見ていきましょう。

　まず最初に、asyncとawaitを利用するので、関数の定義でasyncを宣言します（リスト08-09:44）。

　次に、検索のクエリを作成します（リスト08-09:50）。今回は、クエリの作成にテンプレートリテラルを使います。テンプレートリテラルを利用すると、文字列内に変数や計算結果を「${}」で埋め込むことができます。

●テンプレート文字列 - JavaScript | MDN
　https://developer.mozilla.org/ja/docs/Web/JavaScript/Reference/template_strings

　そして、fetch関数に渡すoptionsを作成します（リスト08-09:63）。今回は、クエリをそのままPOSTメソッドで発行するので、bodyにクエリ文字列を挿入します。

　最後に、fetch関数を使ってOverpass APIにアクセスし、取得したJSONをパースして、setStateで返り値から必要なelementsだけを取り出して保存します（リスト08-09:68）。Overpass APIのエントリポイントはhttps://overpass-api.de/api/interpreterで固定です。なお、Overpass APIはGETメソッドでもアクセスができますが、クエリを1行に変換する必要があるため、プログラムが複雑になってしまいます。そこで、今回はPOSTメソッドを使ってソースコードの可読性を向上させています。

　最後に、マーカーの実装を変更します（リスト08-09:90）。まず、this.state.elementsをmap関数でループ処理しています。マーカーをタップしたときの文字列をトイレと決め打ちしておいて、取得したnodeにnameがあった場合だけ、その値を使うようにしています。あとはMapView.Markerのkeyの値としてOpenStreetMapのid値を使いながら座標とタイトルをセットして返します。

　これでトイレ情報の取得ができるようになりました。東京駅から少しズームダウンをして取得をしてみましょう（そのままだと4件ぐらいしか出てこないためです）。

図08-07　トイレの位置のマーカー

では、トイレのタイトルをクリックしたら詳細の画面を表示するようにしてみましょう。
まずは、react-navigationを追加して、画面遷移だけを作成します。

コマンド08-03　react-navigationをプロジェクトに追加
```
$ npm install --save react-navigation
```

そして、App.jsを書き換えていきます。

リスト08-10　App.js　tag:8-1-5
```
1  import React from 'react';
2  import { StyleSheet, Text, View, TouchableOpacity } from 'react-native';
3  import { MapView } from 'expo';
4  import {
5    point
6  } from '@turf/helpers'
7  import destination from '@turf/destination'
```

```javascript
// 1: react-navigationからcreateStackNavigatorをインポート
import { createStackNavigator } from 'react-navigation'

// 2: export defaultを削除して、AppからMapScreenに名前を変更
class MapScreen extends React.Component {
  // 3: タイトルを追加
  static navigationOptions = {
    title: 'トイレマップ',
  }

  // コンストラクタとonRegionChangeCompleteとfetchToiletを省略

  // 4: ElementScreenに画面遷移をする機能を追加
  gotoElementScreen = (element, title) => {
    this.props.navigation.navigate('Element', {
      element: element,
      title: title,
    })
  }

  render() {
    return (
      <View style={styles.container}>
        <MapView
          onRegionChangeComplete={this.onRegionChangeComplete}
          style={styles.mapview}
          initialRegion={{
            latitude: 35.681262,
            longitude: 139.766403,
            latitudeDelta: 0.00922,
            longitudeDelta: 0.00521,
          }}>
          {
            this.state.elements.map((element) => {
              let title = "トイレ"
              if (element.tags["name"] !== undefined) {
                title = element.tags["name"]
```

```
45              }
46            // 5: Callout(ポップアップ)を押したときにgotoElementScreenを呼び出すようにする
47            return (<MapView.Marker
48              coordinate={{
49                latitude: element.lat,
50                longitude: element.lon,
51              }}
52              title={title}
53              onCalloutPress={() => this.gotoElementScreen(element, title)}
54              key={"id_" + element.id}
55            />)
56          })
57        }
58        </MapView>
59        <View style={styles.buttonContainer}>
60          <TouchableOpacity
61            onPress={() => this.fetchToilet()}
62            style={styles.button}
63          >
64            <Text style={styles.buttonItem}>トイレ取得</Text>
65          </TouchableOpacity>
66        </View>
67      </View>
68    );
69  }
70 }
71
72 // 6: 詳細を表示するScreenを追加
73 class ElementScreen extends React.Component {
74   // 7: タイトルは前の画面から渡されたものを利用
75   static navigationOptions = ({navigation}) => {
76     return {
77       title: navigation.getParam('title', '')
78     }
79   }
80   render() {
81     // 8: 前の画面から渡されたelementを取得し、無かったら空のViewを表示
```

```
    const { navigation } = this.props
    const element = navigation.getParam('element', undefined)
    if (element === undefined) {
      return (<View />)
    }
    // 9: 画面遷移のテストのため、elementのidを表示
    return (
      <View>
        <Text>{element.id}</Text>
      </View>
    )
  }
}

// スタイルを省略

// 10: MapScreenを最初に表示するStackNavigatorを作成
const RootStack = createStackNavigator(
  {
    Map: MapScreen,
    Element: ElementScreen,
  },
  {
    initialRouteName: 'Map'
  }
)

// 11: デフォルトでRootStackの内容をレンダリングする
export default class App extends React.Component {
  render() {
    return <RootStack />
  }
}
```

まずは、react-navigationからcreateStackNavigatorをインポートします（リスト08-10:8）。Stack NavigatorはWebブラウザの**history stack**と似たような機能を提供します。また、自動的にヘッダを付加してくれるので、「戻るボタン」なども実装しています。

次に、今まで使っていたAppをMapScreenに名前を変更して、export defaultキーワードを削除します（リスト08-10:11）。StackNavigatorではタイトルが使えるので、navigationOptionsを実装してタイトルを追加します（リスト08-10:13）。

次に、実際に画面遷移を行うためのロジックを記述していきます（リスト08-10:20）。後述するcreateStackNavigatorの実装で、MapScreenのpropsにnavigationが追加されます。navigationは、その名の通り、画面遷移を扱うオブジェクトです。navigateを使って、同じStackNavigatorで定義されている画面に遷移できるようになります。今回は利用しませんが、navigationではgoBackという、前の画面に戻るための関数なども定義されています。ここでは、Elementという名前の画面に移動し、移動先の画面に第二引数のパラメータを渡すようにします。

MapScreenの最後の実装では、マーカーのポップアップ（**Callout**といいます）を押したときに画面遷移をするようにイベントを設定しています（リスト08-10:46）。これは、MapView.MarkerのonCalloutPressイベントからgotoElementScreen関数を呼び出すようにするだけです。その際にマーカーに利用したelementとtitleを渡しています。

そして、移動先の画面であるElementScreenの実装では、タイトルとして前の画面から渡されたtitleを取得できるようにnavigation.getParam関数からtitleを取得します（リスト08-10:74）。

パラメータは直接名前で参照することもできますが、getParamを使うことで、存在しなかったときのフェイルバックを行えます。同様に、renderでもelementを取得しています（リスト08-10:81）。このときにelementがなかった場合（通常はありえないのですが、念のため、実装しています）は空のViewを返すことで、エラーの発生を抑えています。今回はテスト用の実装なので、elementのidだけを表示します（リスト08-10:87）。

次に、StackNavigatorの作成を行います（リスト08-10:98）。今回はRootStackという名前の定数をcreateStackNavigator関数から作成します。まず、第一引数で、StackNavigatorで扱う画面の名前と実際の画面のクラスとの対応を行います。第二引数ではオプションを指定できますが、今回は画面が2つあるので、どちらが最初なのかがわかるようにinitialRouteNameを使ってMapが最初であることを指定します。

最後に、デフォルトで返すReact.Componentを定義します（リスト08-10:109）。これは、先ほど作成したRootStackをそのままレンダリングするようにします。

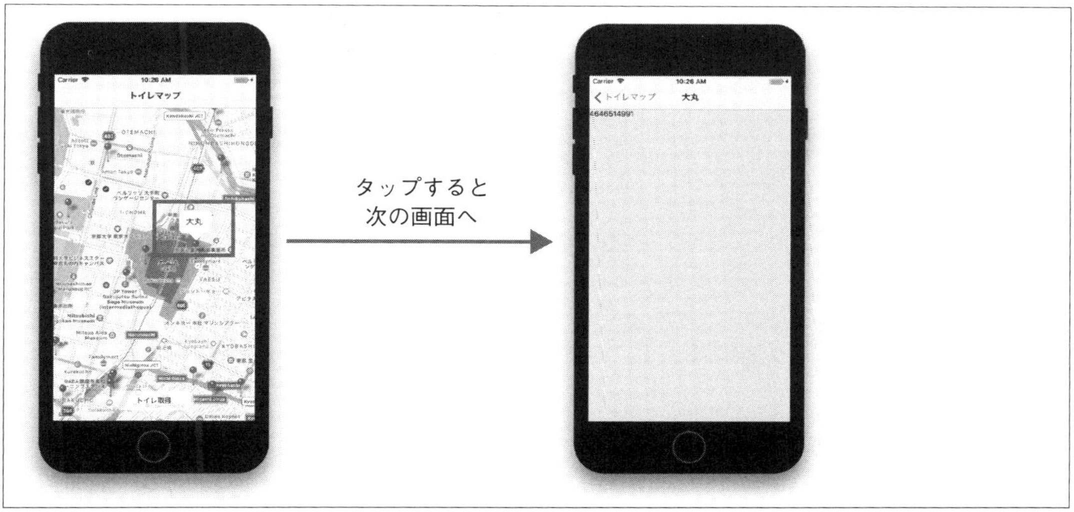

図08-08　画面遷移の実装（遷移後の画面は仮実装）

では、最後に詳細画面を実装していきましょう。

今回は画面上部に地図を、画面下にelementのtagsの内容を表示していきます。

リスト08-11　App.js　tag:8-1-6

```
 1  import React from 'react';
 2  // 1: ScrollViewとFlatListを追加
 3  import {
 4    StyleSheet,
 5    Text,
 6    View,
 7    TouchableOpacity,
 8    ScrollView,
 9    FlatList,
10  } from 'react-native';
11  import { MapView } from 'expo';
12  import {
13    point
14  } from '@turf/helpers'
15  import destination from '@turf/destination'
16  import { createStackNavigator } from 'react-navigation'
17
```

```
18  // 2: タグと情報を表示するためのFunctional Component
19  const TagItem = (props) => {
20    const { tag } = props
21    return (
22      <View style={styles.tagItem}>
23        <View style={styles.tag}>
24          <Text>{tag[0]}</Text>
25        </View>
26        <View style={styles.item}>
27          <Text>{tag[1]}</Text>
28        </View>
29      </View>
30    )
31  }
32
33  // MapScreenは省略
34
35  class ElementScreen extends React.Component {
36    static navigationOptions = ({navigation}) => {
37      return {
38        title: navigation.getParam('title', '')
39      }
40    }
41    render() {
42      const { navigation } = this.props
43      const element = navigation.getParam('element', undefined)
44      if (element === undefined) {
45        return (<View />)
46      }
47      // 3: タグがObjectなので配列に変換
48      let tagItems = []
49      for (const property in element.tags) {
50        tagItems.push([property, element.tags[property]])
51      }
52      return (
53        <View style={{flex: 1}}>
54          { /* 4: elementの座標をもとに地図とマーカーを表示 */ }
```

```
55          <MapView
56            style={{flex: 1}}
57            initialRegion={{
58              latitude: element.lat,
59              longitude: element.lon,
60              latitudeDelta: 0.00922,
61              longitudeDelta: 0.00521,
62            }}>
63            <MapView.Marker
64              coordinate={{
65                latitude: element.lat,
66                longitude: element.lon,
67              }}
68            />
69          </MapView>
70          { /* 5: ScrollView と FlatList を使って TagItem をリスト表示 */}
71          <ScrollView style={{flex: 1}}>
72            <FlatList
73              data={tagItems}
74              extraData={this.state}
75              renderItem={({item}) =>
76                <TagItem tag={item} />
77              }
78              keyExtractor={(item, index) => "tag:" + item[0]}
79            />
80          </ScrollView>
81        </View>
82      )
83    }
84  }
85
86  const styles = StyleSheet.create({
87    container: {
88      flex: 1,
89      backgroundColor: '#fff',
90      alignItems: 'center',
91      justifyContent: 'flex-end',
```

```
 92      },
 93      mapview: {
 94        ...StyleSheet.absoluteFillObject,
 95      },
 96      buttonContainer: {
 97        flexDirection: 'row',
 98        marginVertical: 20,
 99        backgroundColor: 'transparent',
100        alignItems: 'center',
101      },
102      button: {
103        width: 150,
104        alignItems: 'center',
105        justifyContent: 'center',
106        backgroundColor: 'rgba(255,255,255,0.7)',
107        paddingHorizontal: 18,
108        paddingVertical: 12,
109        borderRadius: 20,
110      },
111      buttonItem: {
112        textAlign: 'center'
113      },
114      // 6: TagItemに使うスタイルを追加
115      tagItem: {
116        flexDirection: 'row',
117      },
118      tag: {
119        flex: 1
120      },
121      item: {
122        flex: 1
123      },
124    });
125
126    // 以下省略
```

まず、elementのtagsの内容を表示するために、ScrollViewとFlatListを追加します（リスト08-11:2）。

次に、タグの情報を表示するためのFunctional Componentを作成します（リスト08-11:18）。タグの情報を横に並べて表示をしたいので、flexDirection: rowと指定します（リスト08-11:114）。

ElementScreenの実装では、element.tagsはObjectとして表現されている（Key Valueであることを思い出してください）ため、FlatListで表示できるように配列に変換します（リスト08-11:47）。

そして、画面上部の地図を作成します（リスト08-11:54）。今回は元の座標がわかっているため、element.latとelement.lonを使って中心座標およびマーカーの座標を決め打ちします。

最後に、ScrollViewとFlatListを使ってTagItemをリスト表示します（リスト08-11:70）。keyExtractorでは、OpenStreetMapのタグをそのまま使うようにします。この値は重複することはありません。

これで、トイレマップのプログラムは完成です。

図08-09　完成したトイレマップ

OpenStreetMapのデータを使えば、この応用としてコーヒーショップのマップなど、さまざまな地図が作成できます。自分の家の近くでトイレの情報が充実していなければ、自分で追加することもできます。ぜひ、マッピングにもチャレンジしてみてください。

8-3 GPSロガーの作成

スマートフォンアプリケーションで地図のプログラミングを行う際には、現在地を扱う **Location API** がよく使われます。Location APIには、現在地の座標を一度だけ取得するものと、現在地の座標を取得し続けるものがあります。

ここでは**GPSロガー**の作成を通して、この2つのLocation APIの使い方を学ぶとともに、実践的なReact Nativeでのプログラミングを見ていきましょう。

まずはプロジェクトを開始します。

コマンド08-04　プロジェクトを作成

```
$ exp init GPSLogger
```

そもそも「GPSロガー」とは、定期的に現在地のGPS情報を取得し、ログとして保存する機器やソフトウェア、サービスのことです。ログを辿ることで、あとでどのような経路を、どの時間に移動したのかを確認できます。単体の機器としてもさまざまな製品がありますが、ここではアプリとして実装していきます。最低限の機能としては、「現在地の取得」「定期的な記録」ということになります。

では、現在地の座標を一度だけ取得するLocation APIを実装してみましょう。

リスト08-12　App.js　tag:8-2-1

```
 1  import React from 'react';
 2  // 1: OSの判別のためにPlatformをインポートする
 3  import {
 4    StyleSheet,
 5    Text,
 6    View,
 7    TouchableOpacity,
 8    Platform,
 9  } from 'react-native';
10  // 2: MapView、Location以外にもPermissionsとConstantsもインポートする
11  import {
12    MapView,
13    Permissions,
```

```
14    Constants,
15    Location,
16  } from 'expo'
17
18  export default class App extends React.Component {
19
20    constructor(props) {
21      super(props)
22      // 3: MapViewを初期化するのに利用する座標と座標が取れていない時のメッセージを定義
23      this.state = {
24        latitude: null,
25        longitude: null,
26        message: "位置情報取得中",
27      }
28    }
29
30    componentDidMount() {
31      // 4: androidエミュレータでは動作しない
32      if (Platform.OS === 'android' && !Constants.isDevice) {
33        this.setState({
34          message: 'Androidエミュレータでは動きません。実機で試してください。',
35        })
36      } else {
37        this.getLocationAsync()
38      }
39    }
40
41    // 5: 位置情報取得関数
42    getLocationAsync = async () => {
43      // 6: 位置情報のパーミッションを尋ねる。許可されないと動作しない仕組みにする
44      const { status } = await Permissions.askAsync(Permissions.LOCATION);
45      if (status !== 'granted') {
46        this.setState({
47          message: '位置情報のパーミッションの取得に失敗しました。',
48        })
49        return
50      }
```

```
51      // 7: 現在位置を取得
52      const location = await Location.getCurrentPositionAsync({});
53      this.setState({ latitude: location.coords.latitude, longitude: location.coords.longitude })
54    }
55
56    render() {
57      // 8: 位置情報が取れていたらマップを表示
58      if (this.state.latitude && this.state.longitude) {
59        return (
60          <View style={styles.container}>
61            <MapView
62              style={{flex: 1}}
63              initialRegion={{
64                latitude: this.state.latitude,
65                longitude: this.state.longitude,
66                latitudeDelta: 0.00922,
67                longitudeDelta: 0.00521,
68              }}
69              showsUserLocation={true}
70            />
71          </View>
72        )
73      }
74      // 9: 位置情報が取れない場合はメッセージを表示
75      return (
76        <View style={{flex: 1, justifyContent: 'center'}}>
77          <Text>{this.state.message}</Text>
78        </View>
79      )
80    }
81 }
82
83 const styles = StyleSheet.create({
84   // 10: コンテナのスタイルを変更
85   container: {
86     flex: 1,
87     backgroundColor: '#fff',
```

```
88      justifyContent: 'flex-start',
89    },
90  });
```

　最初にreact-nativeからOSの判別のためのPlatformをインポートします（リスト08-12:2）。expoからは、MapViewとLocation以外に、権限の確認に必要なPermissionsとExpoで不変な定義などを扱うConstantsをインポートします（リスト08-12:10）。stateはMapViewを初期化するために利用する座標の値と、座標が取得できない場合やエラーメッセージを出すためのmessageを定義します（リスト08-12:22）。messageは、componentDidMountで位置情報などを取得しにいくので「位置情報取得中」としています。

　次に、このプログラムはAndroidエミュレータでは動作しないため、Platform.OSでOSの確認とConstants.isDeviceで実機かそうでないかをチェックしています（リスト08-12:31）。このチェックを通る場合は、位置情報の取得を行います。位置情報を取得する関数getLocationAsyncは、awaitキーワードが必要なのでasyncを指定します（リスト08-12:41）。位置情報を取得する際は、最初の位置情報の取得の許可を求める必要があるので、最初のPermissions.askAsyncを使ってPermissions.LOCATIONの許可を確認します（リスト08-12:43）。許可が「OK」であればstatusにgrantedが入ります。位置情報取得の許可がOKな状態でLocation.getCurrentPositionAsyncを実行すると、現在の位置情報が取得できます（リスト08-12:51）。

　renderの実装では、位置情報が取得されているかどうかで表示するViewを切り替えます（リスト08-12:57）。位置情報が取得できていればMapViewを含んだViewを、そうでなければthis.state.messageの内容を表示するViewを返します（リスト08-12:74）。なお、MapViewでは、showsUserLocationというプロパティをtrueにすると、地図上に現在位置が常に表示されるようになります。

　最後に、スタイルでcontainerからalignItemsを削除して、justifyContentをflex-startにします（リスト08-12:84）。alignItemsがcenterになっていると、地図自体が消えてしまうので注意してください。

　これで現在位置を中心にした地図が完成です。

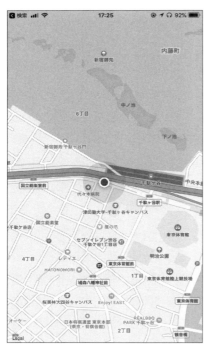

図08-10　現在地を中心とした地図

では、実際のログを取得してみましょう。

リスト08-13　App.js　tag:8-2-2

```
import React from 'react';
import {
  StyleSheet,
  Text,
  View,
  Platform,
  TouchableOpacity, // 1: TouchableOpacityを追加
} from 'react-native';
import {
  MapView,
  Permissions,
  Constants,
  Location,
} from 'expo'
```

```
15
16  export default class App extends React.Component {
17
18    constructor(props) {
19      super(props)
20      this.state = {
21        latitude: null,
22        longitude: null,
23        message: "位置情報取得中",
24        logs: [], // 2: GPSログを格納する領域
25        subscription: null, // 3: 位置情報の監視のオブジェクト
26        status: 'stop', // 4: ログを取得中か停止しているか
27      }
28    }
29
30    componentDidMount() {
31      if (Platform.OS === 'android' && !Constants.isDevice) {
32        this.setState({
33          message: 'Androidエミュレータでは動きません。実機で試してください。',
34        })
35      } else {
36        this.getLocationAsync()
37      }
38    }
39
40    getLocationAsync = async () => {
41      const { status } = await Permissions.askAsync(Permissions.LOCATION);
42      if (status !== 'granted') {
43        this.setState({
44          message: '位置情報のパーミッションの取得に失敗しました。',
45        })
46        return
47      }
48      const location = await Location.getCurrentPositionAsync({});
49      this.setState({ latitude: location.coords.latitude, longitude: location.coords.longitude })
50    }
51
```

```
52    // 5: GPSログの取得を開始する関数
53    startLogging = async () => {
54      if (this.state.subscription) {
55        return
56      }
57      this.setState({logs: []})
58      const subscription = await Location.watchPositionAsync({enableHighAccuracy: true, distanceInterval: 5 }, this.loggingPosition)
59      this.setState({ subscription: subscription, status: 'logging'})
60    }
61
62    // 6: GPSログの取得を停止する関数
63    stopLogging = () => {
64      if (this.state.subscription) {
65        this.state.subscription.remove(this.loggingPosition)
66      }
67      this.setState({ subscription: null, status: 'stop' })
68    }
69
70    // 7: Location.watchPositionAsyncのコールバック関数
71    loggingPosition = ({coords, timestamp}) => {
72      if (coords.accuracy) {
73        // 8: stateに追加するため必ず配列は新しいものを作成する
74        let logs = [...this.state.logs]
75        logs.push({latitude: coords.latitude, longitude: coords.longitude})
76        this.setState({logs: logs})
77      }
78    }
79
80    // 9: ログをメールで送るための関数。まだ未実装
81    sendEmail = () => {
82    }
83
84    render() {
85      if (this.state.latitude && this.state.longitude) {
86        return (
87          <View style={styles.container}>
88            { /* 10: ボタンを配置 */ }
```

```jsx
89          <View style={styles.buttonContainer}>
90            <TouchableOpacity onPress={this.startLogging}>
91              <Text>Start</Text>
92            </TouchableOpacity>
93            <TouchableOpacity onPress={this.stopLogging}>
94              <Text>Stop</Text>
95            </TouchableOpacity>
96            <TouchableOpacity onPress={this.sendEmail}>
97              <Text>Email</Text>
98            </TouchableOpacity>
99          </View>
100         <MapView
101           style={{flex: 1}}
102           initialRegion={{
103             latitude: this.state.latitude,
104             longitude: this.state.longitude,
105             latitudeDelta: 0.00922,
106             longitudeDelta: 0.00521,
107           }}
108           showsUserLocation={true}
109         >
110           {
111             // 11: ログが二個以上あれば画面上に線として描画
112             this.state.logs.length > 1 ?
113               <MapView.Polyline
114                 coordinates={this.state.logs}
115                 strokeColor="#00008b"
116                 strokeWidth={6}
117               />
118               : null
119           }
120         </MapView>
121       </View>
122     )
123   }
124   return (
125     <View style={{flex: 1, justifyContent: 'center'}}>
```

```
126          <Text>{this.state.message}</Text>
127        </View>
128      )
129    }
130  }
131
132  const styles = StyleSheet.create({
133    container: {
134      flex: 1,
135      backgroundColor: '#fff',
136      justifyContent: 'flex-start',
137    },
138    // 12: ボタンの配置用のスタイルを追加
139    buttonContainer: {
140      height: 100,
141      flexDirection: 'row',
142      alignItems: 'center',
143      justifyContent: 'space-around',
144    },
145  });
```

　ログの取得の開始などをするためにボタンが必要なので、TouchableOpacityを追加します（リスト08-13:7）。stateには、GPSログを格納するlogs、位置情報の監視を行っているオブジェクトであるsubscription、ログの取得中かどうかのステータスであるstatusの3つを追加します（リスト08-13:24, 25, 26）。render内で配列の長さを確認するロジックが含まれているため、logsは必ず配列にします。

　startLogging関数はGPSログの取得を開始します（リスト08-13:52）。まず、subscriptionがあるかないかをチェックします。subscriptionが存在する場合は、Location.watchPositionAsyncが同時に2回以上動かないようにするため、関数を終了させます。subscriptionがなければ、stateのlogsを空にします。

　次に、Location.watchPositionAsyncを実行して位置情報の監視を開始します。enableHighAccuracyは、なるべく高精度のログを取得するオプションです。このオプションはLocation.getCurrentPositionAsyncでも使えますが、その場合はアプリの起動時に長い時間待たされる可能性があるため、あえて有効にしていません。distanceIntervalでは、GPSのログを取る間隔を距離で指定しています。今回は、それほど細かいログを取るつもりがないので、5メートル以上離れたら取得するようにしています。Location.watchPositionAsyncでは、GPSの値が更新されるたびに呼び出される関数が必要です。今回はthis.loggingPositionを指定しています。この関数については後述します。Location.watchPositionAsyncはsubscriptionオブジェクトを返します。このオブジェクトは監視の停止をする際に必要

になるので、stateに保持しておきます。また、statusをloggingにしてログを取得中という状態にしておきます。なお、statusは最後に実装するsendEmail内で利用します。

　stopLogging関数は、位置情報の監視を停止します。まずstateにsubscriptionがあるかを確認します。subscriptionがあれば、this.loggingPositionで受け付けていた監視をsubscriptionのremove関数を使って削除します。subscriptionオブジェクトの役目はこれで終わりなので、stateにあるsubscriptionをnullで上書きします。また、このタイミングでstatusもstopにして停止状態を示すようにします。loggingPosition関数は、startLoggingおよびstopLoggingで扱われていたLocation.watchPositionAsyncから呼び出されるコールバック関数です。この関数の役目は、監視している位置情報で更新があったら受け取り、新しく記録をしていくことです。行っていることは簡単で、this.state.logsを新しい配列にしてから座標のオブジェクトをlogsに追加してthis.setStateで保存し直すという処理です（リスト08-13:73）。なお、this.state.logsをそのまま使うとエラーになるので、必ず新しい配列を作成するようにします。

　sendEmailはログをメールで送るための関数ですが、最後に実装するので、ここでは空にしておきます（リスト08-13:80）。

　renderの実装では、まず画面上部にボタンを配置するようにViewを追加して、そこに3つのボタンを追加します（リスト08-13:88）。各ボタンは、それぞれstartLogging、stopLogging、sendEmail関数を呼び出すようにしています。ボタンが整列して配置されるように、buttonContainerスタイルでボタンの並びを定義します（リスト08-13:138）。

　MapViewには、中の要素に移動した記録の線が表示されるように、MapView.Polylineを使ってGPSログを表示しています（リスト08-13:111）。ただし、線は2つ以上のポイントが必要なので、配列の長さをチェックして、配列の長さが2つ以上ではない場合は表示をしないようにします。なお、今回取得してるlogsの配列自体がMapView.Polylineで使える配列の構造になるように、あえて座標をオブジェクトとして追加しています。

　ここまでで、GPSログの取得まで実装できました。実際に、外を歩いてGPSログを取得してみましょう。

第8章 地図アプリとGPSロガーアプリ制作で学ぶ実践的React Native開発

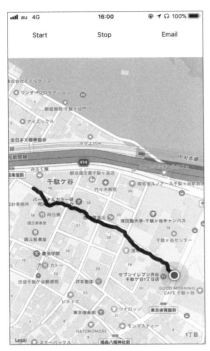

図08-11 GPSログを記録

このように、地図上に、通った経路として青い線が描かれれば成功です。

最後に、メールでGPSログをGeoJSON形式で渡すようにしてみましょう。

まずはGeoJSON形式に変換するのに便利なturf.jsのhelpersを追加します。

コマンド08-05 turf.jsのhelpersを追加
```
$ npm install @turf/helpers
```

では、メールを送る部分を実装していきましょう。

リスト08-14 App.js tag:8-2-3
```
1  import React from 'react';
2  import {
3    StyleSheet,
4    Text,
5    View,
6    Platform,
```

```
 7    TouchableOpacity,
 8  } from 'react-native';
 9  // 1: FileSystemとMailComposerを追加
10  import {
11    MapView,
12    Permissions,
13    Constants,
14    Location,
15    FileSystem,
16    MailComposer,
17  } from 'expo'
18  // 2: turf/helpersからlineStringをインポート
19  import {
20    lineString
21  } from '@turf/helpers'
22
23  export default class App extends React.Component {
24
25    // 省略
26
27    // 3: asyncキーワードを追加
28    sendEmail = async () => {
29      if (this.state.status !== 'stop' || this.state.logs.length < 2) {
30        return
31      }
32      const logs = [...this.state.logs]
33      // 4: GeoJSON形式に変換して文字列にする
34      const locations = logs.map(data => [data.longitude, data.latitude])
35      const geojson = JSON.stringify(lineString(locations))
36      // 5: キャッシュディレクトリにファイルを書き込む
37      const uri = FileSystem.cacheDirectory + 'gpslog.geojson'
38      await FileSystem.writeAsStringAsync(uri, geojson)
39      // 6: スマートフォンのメール送信画面を起動
40      const status = await MailComposer.composeAsync({attachments: [uri]})
41      if (status === 'sent') {
42        console.log('sent mail')
43      }
```

```
44    }
45
46    //省略
47  }
```

　添付ファイルとしてメールにファイルを追加するために一度ファイルシステムに書き出す必要があるのでFileSystemを、そしてメールの送信画面を出すためのMailComposerを追加します（リスト08-14:9）。

　@turf/helpersからは、配列のGeoJSON形式に変換するlineStringヘルパーをインポートします（リスト08-14:18）。

　あとはsendEmail関数を実装していきます。まずsendEmail内でawaitキーワードが使われているのでasyncキーワードを追加します（リスト08-14:27）。

　次に、logsのデータを「longitude, latitude」の並びの配列に変換し、それをlineString関数に渡してGeoJSON形式に変換してJSON.stringifyで文字列にします（リスト08-14:33）。

　次に、メールの添付ファイルとして処理できるようにGeoJSONの文字列をFileSystem.writeAsStringAsync関数を使ってファイルとして書き出します（リスト08-14:36）。なお、FileSystem.cacheDirectoryはキャッシュディレクトリの参照先を示しています。キャッシュディレクトリは一時的に使うファイルを扱うディレクトリで、今回のようなファイルを扱う際には最適です。

　最後に、MailComposer.composeAsyncを使ってスマートフォンのメール送信画面を起動します（リスト08-14:39）。引数のattachmentsには添付ファイルのURIを配列で渡します。今回は1つだけなので[uri]と指定しています。

　これで、メール送信部分の実装が完了です。実際にGPSログが取れた状態でEmailボタンを押すと、メールの送信画面が立ち上がります。

8-3 | GPSロガーの作成

　　　　　　　iOS　　　　　　　　　　　　　　　　Android

図08-12　メールの送信画面

　メールを送ったら、添付ファイルとしてGeoJSONファイルがあるのを確認してください。GeoJSONファイルの内容は、GitHubの**gist**や**geojson.io**などのサイトで確認できます。

第9章
WebViewプログラミング

WebViewとは、スマートフォンアプリ内でWebページを表示するための機能のことです。React Native 0.55では、iOSではUIWebViewを、Androidではandroid.webkit.WebViewを用いた実装をしています。なお、UIWebViewはiOS 12で廃止予定のため、WKWebViewによる実装への切り替えが検討されています。WebViewではWebページの表示のほか、アプリケーション側の入力との連携などが可能になっています。

9-1 経路探索アプリの作成

本章では、**ヴァル研究所**[※1]が提供している「**駅すぱあと路線図**」を使ってWebView側を実装し、駅すぱあと路線図から受け取ったデータを使ってクライアント側で「**駅すぱあとWebサービス**」を呼び出し、両者を連携させて実際に経路探索を行うというアプリケーションを作成していきます。

駅すぱあと路線図は、Web上でスクロール可能な路線図を提供しているAPIで、駅情報を視覚的に使いやすくデザインした路線図を提供していることが特徴です。また、実際にスマートフォン版駅すぱあとに組み込まれており、こちらもWebViewを活用した実装がされています。なお、筆者は数年前まで駅すぱあと路線図自体の開発コンサルティングを行っていました。

駅すぱあとWebサービスは、経路探索や交通費精算など、ヴァル研究所が提供している**駅すぱあと**の機能をWeb経由で利用できるAPIです。

いずれも事前にAPIキーの申請が必要になります。駅すぱあとのサービスポータルサイトである「駅すぱあとWORLD」からフリープランの申し込みをしてください。

図09-01　駅すぱあとWORLD ポータルサイト（https://ekiworld.net/）

※1　日本で初めての乗換案内ソフト「駅すぱあと」を開発している企業です。現在もアプリケーション版の「駅すぱあと」の販売を行いながらもAWSを活用し、「駅すぱあと」の機能をクラウド向けAPIとして提供をしています。
公式サイト：https://www.val.co.jp/

両者のAPIキーを申し込む際には、許可したドメイン以外からのアクセスをはじく「ドメイン設定」は行わないようにしてください。というのも、スマートフォンアプリからアクセスするため、環境によっては動かなくなる可能性があるからです。また、ドメイン設定を行うと駅すぱあと路線図側の実装を毎回Web上にアップロードする必要があるので、開発が大変になってしまいます。

図09-02　ドメイン設定

フリープランには1日100回というアクセス制限がありますが、今回のサンプルアプリを作成する程度であれば十分に足りるでしょう。また、申請には数営業日かかることに注意してください。

駅すぱあと路線図のAPIキーが届いたら、まずはWeb側の実装をしましょう。まず、ディレクトリを作成してindex.htmlを作成します。最初は、表示のみのサイトを作成します。

リスト09-01　index.htmlを作成

```
1  <html>
2    <head>
3      <meta name="viewport" content="width=device-width">
4      <link rel="stylesheet" href="https://rmap.ekispert.jp/production/rosen.css" />
5      <script src="https://rmap.ekispert.jp/production/rosen.js"></script>
6      <style>
7      body {
8        margin: 0;
9      }
```

```
10    #map {
11      width: 100%;
12      height: 100%;
13    }
14    </style>
15  </head>
16  <div id="map"></div>
17  <script>
18  var rosen
19  function init() {
20    rosen = new Rosen("map", {
21      apiKey: "駅すぱあと路線図のAPIキー",
22    })
23  }
24  window.addEventListener('load', init)
25  </script>
26 </html>
```

　リスト09-01の21行目のapiKeyは、駅すぱあと路線図のAPIキーに差し替えてください。また、Rosenのイニシャライザに置換対象のdiv要素のIDを渡しています。これは、駅すぱあと路線図APIのベースとなっている**Leaflet**のイニシャライザの渡し方と同じです。注意点としてはid="map"のサイズをCSSで100%に指定しているところです。Leafletでは、必ず置換対象のサイズが先に決められている必要があるので、このような仕組みが必要になります。

　次に、このサイトを実際に表示してみます。PCのWebブラウザで、index.htmlを開いてみてください。駅すぱあと路線図が表示されたら成功です。

図09-03　駅すぱあと路線図を表示

次にクライアント側の実装をしていきます。クライアントを初期化したら、先ほど作成したindex.htmlをプロジェクトのトップディレクトリにコピーします。

コマンド09-01　クライアントの初期化とコピー

```
$ exp init StationMap
$ cd StationMap
$ cp PATH_TO_INDEX_HTML/index.html .
$ exp start
```

そして、App.jsを次のように記述します。

リスト09-02　クライアントのApp.js　tag:9-1-1

```
import React from 'react';
// 1: WebViewを追加
import { StyleSheet, Text, View, WebView } from 'react-native';

export default class App extends React.Component {
  render() {
    // 2: WebViewのみを一旦返す
    return (
```

```
 9        <WebView source={require('./index.html')} />
10      );
11    }
12  }
13  // 以下省略
```

この状態で、図09-04のようになれば成功です。

図09-04　駅すぱあと路線図を表示した状態

　Webページを表示するだけであれば、非常に簡単なコードで実現することができることがわかったでしょう。では、これからアプリとして実装を進めていきましょう。

Column　requireキーワード

ここまで、外部モジュールの読み込みには`import`キーワードを使っていましたが、React Nativeでは CommonJS由来の`require`キーワードも使うことができます。

- CommonJS: JavaScript Standard Library
  http://www.commonjs.org/specs/modules/1.0/

`require`を利用すると、`import`と違う方法でモジュールを扱えます。たとえば、CommonJSのトップページには、次のように使い方が紹介されています。

math.jsで定義した関数を別のincrement.jsからrequireを使って呼び出せるようにする

```javascript
// math.js

exports.add = function() {
    var sum = 0, i = 0, args = arguments, l = args.length;
    while (i < l) {
        sum += args[i++];
    }
    return sum;
};

// increment.js

var add = require('math').add;
exports.increment = function(val) {
    return add(val, 1);
};
```

この場合、`require`で呼び出すときには`exports.add`と定義して外部から呼び出せるようにしておく必要があります。ただし、React Nativeでは、`require`キーワード自体はJavaScript以外のリソースの取り込みに使われるケースがほとんどで、今回のWebViewプログラミングではHTMLファイルの取り込みに`require`キーワードを利用しています。

リスト09-02で利用されているWebViewでHTMLをrequireで読み取るケース

```javascript
  render() {
    return (
      <WebView source={require('./index.html')} />
    )
  }
```

また、`require`は画像を扱うImageコンポーネントでも多用されます。

● Images · React Native
https://facebook.github.io/react-native/docs/images.html

Imageコンポーネントで画像をrequireで読み取るケース

```
1  render() {
2    return (
3      <View>
4        <Image source={require('./my-icon.png')} />
5      </View>
6    )
7  }
```

　本書のサンプルでは、Imageコンポーネントは利用していません（単に筆者に絵心がないからです……）。
　requireの使い方自体は、利用可能な場合であれば、React Nativeの各コンポーネントのドキュメントにサンプル例が記載されています。
　requireは、本書ではこの章でしか扱っていないキーワードですが、「ローカルのリソースを取り込んで渡す」という使い方は一般的なので、あまり迷うことはないでしょう。

9-2 WebViewにデータを渡す

では、手始めに、駅すぱあと路線図の初期化をクライアントのアプリから行うようにしてみましょう。これは、将来的にWeb上にindex.htmlを配置した際、APIキーをアプリケーション側で隠蔽化するために利用します。

まずはindex.htmlから変更していきます。

リスト09-03　index.html　tag:9-1-2

```html
<!-- script 以外は省略 -->
<script>
var rosen

// 1: initの引数にapi_keyを渡すようにする
function init(api_key) {
  rosen = new Rosen("map", {
    apiKey: api_key,
  })
}

// 2: messsage EventをハンドルすることでpostMessageで渡されたデータを処理をすることを可能に
document.addEventListener('message', (event) => {
  if (event && event.data) {
    try {
      // 3: postMessageで渡されるのは文字列型なので、JSON.parseで復元する
      data = JSON.parse(event.data)
      // 4: data.typeが init_mapの場合は初期化の処理を行う
      if (data.type == "init_map") {
        init(data.api_key)
      }
    } catch (e) {
      console.log(e)
    }
```

```
25    }
26  })
27  </script>
```

次に、App.jsを実装します。

リスト09-04　App.js　tag:9-1-2

```
1  import React from 'react';
2  import { StyleSheet, Text, View, WebView } from 'react-native';
3
4  // 1: 駅すぱあと路線図のAPIキーをセット
5  rosen_api_key = '駅すぱあと路線図のAPIキー'
6
7  export default class App extends React.Component {
8
9    // 2: WebViewを読み込んだあとの処理を実装
10   loadEnd = () => {
11     if (this.webview) {
12       // 3: 初期化を行うために必要な情報を作成
13       const data = {
14         type: 'init_map',
15         api_key: rosen_api_key
16       }
17       // 4: postMessageで文字列型にしてWebViewに処理を投げる
18       this.webview.postMessage(JSON.stringify(data))
19     }
20   }
21
22   render() {
23     // 5: refでWebView自体をthis.webviewでアクセス可能にし、onLoadEndで読み込み後の処理を渡す
24     return (
25       <WebView
26         source={require('./index.html')}
27         ref={webview => {this.webview = webview}}
28         onLoadEnd={this.loadEnd}
29       />
```

```
30        )
31    }
32 }
```

　まずは、23行目以降から見ていきましょう。refは、コンポーネント自体の参照を取得するための仕組みです。「ref={webview => {this.webview = webview}}」とすることで、ほかの関数などからWebViewのコンポーネント自体がthis.webviewで参照できるようになります。また、WebViewコンポーネントが持つ関数などもアクセス可能になります。実際に、このロジックではpostMessage関数を実行するのに必要となっています。onLoadEndプロパティは、WebViewを読み込んだあとに実行される関数を指定します。ここでは、loadEnd関数が呼ばれています（リスト09-04:9）。

　続いて、loadEnd関数の実装を見ていきます。index.htmlに初期化の命令を渡すため、必要なデータを揃えます（リスト09-04:12）。dataのtypeには処理の種類を、そして今回はAPIキーを初期化に使うのでapi_keyを設定しています。

　そして、最後にthis.webview.postMessageでWebViewで表示しているWebページに文字列で渡すようにJSON.stringifyで変換して渡します。

　次にindex.htmlの実装（リスト09-03）を見ていきます。

　まず初めに、init関数がAPIキーを受け取れるように変更します（リスト09-03:5）。

　次に、クライアント側のpostMessageで渡された値を取得できるように、messageイベントを受け取るようにします（リスト09-03:12）。受け取ったメッセージはdataという変数に内容が格納されますが、JSON.stringifyで変換した値が入ってくることが予測されるので、JSON.parseを使って元のオブジェクトに戻します（リスト09-03:16）。なお、JSON.parseを実行した際に復元できないデータを渡すと例外が発生するため、必ずtry...catch文でエラー処理を行います。

　最後に、条件分岐を使ってtypeの種類を確認します。今回はinit_mapしかないので、typeがinit_mapの場合はapi_keyをinit関数に渡せば初期化されることになります。

9-3 WebViewからデータを受け取る

今度は、WebViewで表示している駅すぱあと路線図の駅をタップして、それをクライアントで受け取る部分を作成してみましょう。

まず最初にindex.htmlを編集して、WebViewの画面からクライアントに選択した駅の情報を渡す部分を作成します。

リスト09-05　index.html　tag:9-1-3

```javascript
// init関数以外は省略
function init(api_key) {
  // 1: window.postMessageをReactNativeのものからオリジナルのものに戻す
  window.postMessageReactNative = window.postMessage
  window.postMessage = window.originalPostMessage
  rosen = new Rosen("map", {
    apiKey: api_key,
  })

  // 2: selectStationイベントを有効にする
  rosen.on('selectStation', function(data){
    // 3: タップした場所に一つ以上の駅があれば最初の一つを利用する
    if (data.stations.length > 0) {
      var station = data.stations[0]
      var ret = {
        "code": station.code,
        "name": station.name,
      }
      // 4: 駅すぱあと路線図にタップした駅のマーカーをセットしておく
      rosen.setStationMarker(station.code)
      var ret_string = JSON.stringify(ret)
      // 5: React Native側のwindow.postMessageの実装を使ってクライアントに文字列としてデータを渡す
      window.postMessageReactNative(ret_string)
    }
```

```
25    })
26 }
```

　WebViewからクライアントにデータを渡す際には、この場合もpostMessage関数を利用します。ただし、駅すぱあと路線図では、ライブラリ自体にwindow.postMessageを使う実装が含まれており、それがrosen.onの実行時に呼び出されてしまうため、駅の選択を行うロジックを単純に流用できません。とはいえ、React NativeのWebViewの実装を見ると、ネイティブで元から実装されているwindow.postMessage関数をwindow.originalPostMessage関数に変更して使っているのがわかります[2]。

　つまり、この場合も、駅すぱあと路線図でrosen.onを実行する前に元の名前に戻せば問題なく動作するというわけです（リスト09-05:3）。

　これで、rosen.onが利用できるようになったので、selectStationイベントのイベントリスナを有効にして、駅自体をタップできるようにします（リスト09-05:10）。

　次に、駅をタップしたときに2つ以上の駅が取得される場合があるので、今回は最初の1つの駅だけを選択するようにします（リスト09-05:12）。なお、駅すぱあと路線図で2つ以上の駅が取得されるのは、地図をタップした場所によって判定されるものと、複数駅が同じ駅の見た目になっているものがあります。たとえば、永田町駅と赤坂見附駅はつながっているため、タップした場所によっては2つの駅が選択されます。また、新宿駅は複数の駅完全に重なっているので、複数の駅が選択されてしまいます。余裕がある人は、このような複数駅をうまくハンドリングする実装をしてみるのもよいでしょう。なお、どの駅を選択したのかを知るには、次のようにしてデバッグ用のコンソールを表示しておくと便利です。

リスト09-06　地図のデバッグ用コンソールを表示
```
1  rosen = new Rosen("map", {
2    apiKey: "あなたのキー ",
3    consoleViewControl: true,
4  })
```

　最後に、3行目のところで名前を変更したwindow.postMessageReactNative関数を使ってクライアントにデータを渡します。渡せるのはテキスト情報のみとなるので、JSON.stringifyを使ってstationオブジェクトを文字列にして渡しています（リスト09-05:19）。

　では、受け取り側も見ていきましょう。

---

[2] 興味がある人は、https://github.com/facebook/react-native/blob/master/React/Views/RCTWebView.mなどのソースコードを読んでみてください。

リスト09-07　App.js　tag:9-1-3

```javascript
// Appクラス以外は省略
export default class App extends React.Component {

  loadEnd = () => {
    if (this.webview) {
      const data = {
        type: 'init_map',
        api_key: rosen_api_key
      }
      this.webview.postMessage(JSON.stringify(data))
    }
  }

  // 1: メッセージを受け取る関数
  onMessage = e => {
    try {
      // 2: 受け取り側は nativeEvent.data を利用
      const value = JSON.parse(e.nativeEvent.data)
      // 3: 確認だけなので console.log で表示
      if (value.name && value.code) {
        console.log(value.name, value.code)
      }
    } catch (error) {
      console.log('invalid json data')
    }
  }

  render() {
    // 4: onMessageでWebView内から受け取ったメッセージを処理する関数を指定
    return (
      <WebView
        source={require('./index.html')}
        ref={webview => {this.webview = webview}}
        onLoadEnd={this.loadEnd}
        onMessage={this.onMessage}
      />
    )
```

```
38    }
39 }
```

まず、Webviewに onMessage プロパティを追加し、Webview内から受け取ったメッセージを処理するための関数を指定します（リスト09-07:29）。メッセージを処理する onMessage 関数では、受け取り側として nativeEvent.data を利用することに注意してください（リスト09-07:17）。

今回は確認のためだけなので、console.log で取得した値を表示します（リスト09-07:19）。試しに桜田門駅をタップすると「**桜田門 22698**」と表示されます。

9-4 駅すぱあとWebサービスとの連携

　クライアントからWebへ、Webからクライアントへのデータの受け渡しができるようになったので、今度は駅すぱあとWebサービスと連携して実際に経路探索を行い、結果を駅すぱあと路線図に描画してみましょう。

　なお、このサンプル自体は、駅すぱあと路線図サンプル集から実装のヒントを得て作成をしています。このサンプル集には非常に多くの実装があるため、駅すぱあと路線図に興味があるなら、ぜひ参考にしてください。

図09-05　駅すぱあと路線図サンプル集（https://rmap.ekispert.jp/sample/）

　まずは、出発駅と到着駅を保持するようにして、検索ボタンを用意します。ここではApp.jsのみの改修となります。

9-4 駅すぱあとWebサービスとの連携

リスト09-08　App.js　tag:9-1-4

```
1  import React from 'react';
2  // 1: TouchableOpacityを追加
3  import { StyleSheet, Text, View, WebView, TouchableOpacity } from 'react-native';
4
5  rosen_api_key = '駅すぱあと路線図のAPIキー'
6
7  export default class App extends React.Component {
8
9    // 2; stateに出発駅と到着駅の情報を保持
10   constructor(props) {
11     super(props)
12     this.state = {
13       start_station_name: "",
14       start_station_code: null,
15       via_station_name: "",
16       via_station_code: null,
17       select_mode: 'start'
18     }
19   }
20
21   loadEnd = () => {
22     if (this.webview) {
23       const data = {
24         type: 'init_map',
25         api_key: rosen_api_key
26       }
27       this.webview.postMessage(JSON.stringify(data))
28     }
29   }
30
31   onMessage = e => {
32     try {
33       const value = JSON.parse(e.nativeEvent.data)
34       if (value.name && value.code) {
35         if (this.state.select_mode === 'start') {
36           // 3: 出発駅を保持
37           this.setState({
```

```
38          start_station_name: value.name,
39          start_station_code: value.code,
40          select_mode: 'via'
41        })
42      } else {
43        // 4: 到着駅を保持
44        this.setState({
45          via_station_name: value.name,
46          via_station_code: value.code,
47          select_mode: 'start'
48        })
49      }
50    }
51  } catch (error) {
52    console.log('invalid json data')
53  }
54 }
55
56 // 5: 検索ボタンのロジック ( 今はまだ空 )
57 search = () => {
58
59 }
60
61 render() {
62   return (
63     <View style={styles.container}>
64       { /* 6: WebView の領域を確保 */ }
65       <View style={{flex: 12}}>
66         <WebView
67           source={require('./index.html')}
68           ref={webview => {this.webview = webview}}
69           onLoadEnd={this.loadEnd}
70           onMessage={this.onMessage}
71         />
72       </View>
73       { /* 7: 画面下に出発駅、到着駅、検索ボタンを追加 */ }
74       <View style={styles.stationNameAndButtonContainer}>
```

```jsx
75        <View style={styles.stationNameLines}>
76          <View style={styles.stationName}>
77            <Text>出発駅: {this.state.start_station_name}</Text>
78          </View>
79          <View style={styles.stationName}>
80            <Text>到着駅: {this.state.via_station_name}</Text>
81          </View>
82        </View>
83        <View style={styles.button}>
84          <TouchableOpacity onPress={() => this.search()}>
85            <Text>検索</Text>
86          </TouchableOpacity>
87        </View>
88      </View>
89    </View>
90   );
91  }
92 }
93
94 // 8: renderで利用するスタイルを追加
95 const styles = StyleSheet.create({
96   container: {
97     flex: 1,
98     backgroundColor: '#fff',
99   },
100  stationNameAndButtonContainer: {
101    flex: 2,
102    flexDirection: 'row',
103  },
104  stationNameLines: {
105    flex: 3
106  },
107  stationName: {
108    flex: 1,
109    flexDirection: 'row',
110    alignItems: 'center',
111    justifyContent: 'flex-start',
```

```
112      },
113      button: {
114        flex: 1,
115        flexDirection: 'row',
116        alignItems: 'center',
117        justifyContent: 'center',
118      }
119    });
```

　まず、検索ボタン用にTouchableOpacityを追加します（リスト09-08:2）。次に、出発駅と到着駅を保持するようにstateを作成します（リスト09-08:9）。

　さらに、onMessageを改修して受け取った駅情報をstateに保持するようにします。このとき、state.select_modeを使って、startならば出発駅を保持し、state.select_modeを反転させます（リスト09-08:36）。そして、次に選択した駅が到着駅になるようにして、再びstate.select_modeを反転させます（リスト09-08:43）。今回は検索ボタンを追加するので、検索ボタンをタップしたときの関数を空で実装しておきます（リスト09-08:56）。

　次に、renderを大きく改修して画面上部にWebViewを配置し（リスト09-08:64）、画面下に選択した駅の名前を表示と検索ボタンが表示できるようにレイアウトします（リスト09-08:73）。

　最後に、stylesをrenderのレイアウトが正しく反映されるように修正を行います（リスト09-08:94）。renderのレイアウトおよびスタイルの設定は第5章を参考にしてください。

　これで、出発駅と到着駅の選択が可能になりました。

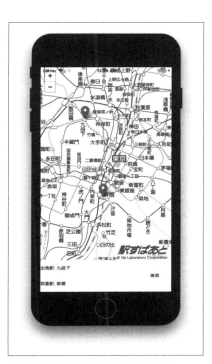

図09-06　出発駅と到着駅を選択

では、経路探索プログラムを作成していきましょう。まずはApp.js側の実装を行います。

リスト09-09　App.js　tag:9-1-5

```
import React from 'react';
import { StyleSheet, Text, View, WebView, TouchableOpacity } from 'react-native';

rosen_api_key = '駅すぱあと路線図のAPIキー'
// 1: 駅すぱあとWebサービスのAPIキーとエントリーポイントをセット
ekispert_web_api_key = '駅すぱあとWebサービスのAPIキー'
ekispert_web_entry_point = 'http://api.ekispert.jp/v1/json/search/course/extreme'

// 2: 返り値が単一であった場合でも配列として扱うよう変換するユーティリティ関数
convertToArray = (obj) => {
  if (!Array.isArray(obj)) {
    return [obj]
  }
  return obj
```

```
15 }
16
17 export default class App extends React.Component {
18
19   // 省略
20
21   // 3: fetch関数を使うので async キーワードを追加
22   search = async () => {
23     if (!this.state.start_station_code || !this.state.via_station_code) {
24       return
25     }
26     // 4: 駅すぱあとWebサービスの検索に使うパラメータをセット
27     const params = [
28       "key=" + ekispert_web_api_key,
29       "viaList=" + this.state.start_station_code + ":" + this.state.via_station_code,
30       // 5: 経路表示に使う路線を取得するために必要なパラメータ
31       "addOperationLinePattern=true"
32     ]
33     const url = ekispert_web_entry_point + "?" + params.join("&")
34     try {
35       const response = await fetch(url)
36       const json = await response.json()
37       if (!json.ResultSet.Course || !json.ResultSet.Course[0]) {
38         return
39       }
40       // 6: 経路を表示する前に既存のハイライトなどを消去する
41       this.webview.postMessage(JSON.stringify({type: 'clear_all'}))
42       // 7: 検索結果が一つでも路線でも配列として処理するように変換する
43       const operationLinePatterns = convertToArray(json.ResultSet.Course[0].OperationLinePattern)
44       let stations = []
45       // 8: 路線ごとの処理
46       operationLinePatterns.forEach(op => {
47         const lines = convertToArray(op.Line)
48         const points = convertToArray(op.Point)
49         // 9: ハイライトするためのデータの処理
50         for (var i = 0; i < lines.length; i++) {
51           const line_code = lines[i].code
```

```
52        const station_code1 = points[i].Station.code
53        const station_code2 = points[i + 1].Station.code
54        stations.push(station_code1)
55        stations.push(station_code2)
56        // 10: 駅すぱあと路線図側で区間をハイライトするためのデータを用意
57        const data = {
58          type: 'highlight_section',
59          line_code: line_code,
60          station_code1: station_code1,
61          station_code2: station_code2,
62        }
63        this.webview.postMessage(JSON.stringify(data))
64      }
65    })
66    // 11: 区間ごとで乗り換えを行う駅をuniqなものにする
67    stations = stations.filter((value, i, self) => self.indexOf(value) === i)
68    const data = {
69      type: 'set_station_markers',
70      stations: stations
71    }
72    // 12: 乗換駅にピンを立てる
73    this.webview.postMessage(JSON.stringify(data))
74  } catch (e) {
75    console.log(e)
76  }
77 }
78
79 // 省略
80
81 }
82
83 // 省略
```

まずは駅すぱあとWebサービスを利用するためのAPIキーのセットと、経路探索APIのエントリーポイントをセットします（リスト09-09:5）。経路探索APIは、今回はJSONで返すため、http://api.ekispert.jp/v1/jsonと返ってくるフォーマットを指定しておきます。

また、駅すぱあとWebサービスでは経路探索を行ったときの路線の区間などが1つの場合に配列では

なく1つのオブジェクトとして返すため、1つのオブジェクトでも配列として扱うようにするためのユーティリティ関数のconvertToArrayを作成しておきます（リスト09-09:9）。

あとはsearch関数を定義していきますが、関数内でawaitを利用しているため、asyncキーワードを追加します（リスト09-09:21）。

では、実際のロジックを見ていきましょう。ロジック自体は、駅すぱあとWebサービスで取得したデータを駅すぱあと路線図で処理できるように加工していくというのが主な流れです。

最初に、駅すぱあとWebサービスで経路検索を行うエントリーポイントに対して必要なパラメータをセットします（リスト09-09:26）。その際に、addOperationLinePatternパラメータをtrueにすることで、必要な区間表示に必要な路線の情報を取得できます（リスト09-09:30）。

そして、駅すぱあとWebサービスにアクセスしてJSONとしてパラメータが処理できるようになったら実際の加工を行いますが、すでに表示されているものがあったときに画面をクリアするため、いったん駅すぱあと路線図側に画面をクリアするための命令を送っておきます（リスト09-09:40）。これからいくつかの命令を送りますが、受け取り側の処理はindex.htmlの解説時に説明します。

続いて、加工のロジックも見ていきましょう。

まず、OperationLinePatternを配列として扱えるようにします（リスト09-09:42）。そして、配列を順番に処理していきます。

最初に行うのはlinesとpointsの処理ですが、ここで注意しておきたいのは、1つのlineに対してpointが2つあるということです。**区間**という概念は、駅と駅の間を走る線なので、始点と終点があるという構成になります。これを踏まえた上で、強調（ハイライト）するための区間のデータを1つずつ処理していきます（リスト09-09:49）。ここでの**強調**とは、駅すぱあと路線図でカラフルな路線図からモノトーン調の路線図に切り替えて、選択された線の色などを見やすくすることを指しています。駅すぱあと路線図では、区間を表示するためには路線のコード（line_code）と2つの駅を組み合わせる必要があります。これらを用意して1つのデータとして集め、highlight_sectionという命令で駅すぱあと路線図に渡します（リスト09-09:56）。あとで説明するindex.htmlの実装では、この命令によって経路を強調します。強調の処理が終わったら、強調の処理の途中に出現した駅のコードをuniqで処理した配列を作ります（リスト09-09:66）。

そして、その配列に出現した駅、つまり出発駅、到着駅、乗り換え駅のすべてにピンを立てを行います（リスト09-09:72）。

続いてindex.htmlの実装を見ていきましょう。

リスト09-10　index.html　tag:9-1-5

```
1  // init関数は省略
2
3  document.addEventListener('message', (event) => {
4    if (event && event.data) {
```

```javascript
    try {
      data = JSON.parse(event.data)
      if (data.type == "init_map") {
        init(data.api_key)
      }
      // 1: 命令の追加
      if (data.type == "clear_all") {
        clear_all()
      }
      if (data.type == "highlight_section") {
        highlight_section(data.line_code, data.station_code1, data.station_code2)
      }
      if (data.type == "set_station_markers") {
        set_station_markers(data.stations)
      }
    } catch (e) {
      console.log(e)
    }
  }
})

// 2: 画面上の強調やピンなどを全てクリアする関数
function clear_all() {
  rosen.clearAll()
}

// 3: 区間の強調する関数
function highlight_section(line_code, station_code1, station_code2) {
  // 4: 路線コードと2つの駅コードから区間を算出
  rosen.getSectionsByStations(line_code, station_code1, station_code2).then(function(sections) {
    // 5: 各区間のコードのみを取得
    var section_codes = sections.map(function(section) {
      return section.code
    })
    // 6: 区間を強調する
    rosen.highlightSections(section_codes)
  })
```

```
42 }
43
44 // 7: 駅にピンを立てる
45 function set_station_markers(stations) {
46   stations.forEach(function(station_code) {
47     rosen.setStationMarker(station_code)
48   })
49 }
```

まず、messageイベントで、App.jsから呼び出されるclear_all、highlight_section、set_station_markers命令を増やします（リスト09-10:10）。

clear_all命令は、clear_all()関数を呼び出します（リスト09-10:20）。これは、単にrosen.clearAll()関数を呼び出して画面上の強調やピンなどをすべてクリアするというものです。

highlight_section命令は、highlight_section()関数を呼び出します（リスト09-10:31）。駅すぱあと路線図のrosen.getSectionsByStations関数を呼び出して、路線コードと駅コードから区間を算出します（リスト09-10:33）。この関数はPromiseオブジェクトが返されるので、thenで返された区間情報（sections）を処理していきます。今回は各区間のコードのみを使用するので、map関数を使って区間のコードの配列を生成します（リスト09-10:35）。

最後に、rosen.highlightSections関数を使って区間の強調を行います（リスト09-10:39）。

Promiseについては第4章の非同期処理についての説明でも記述しましたが、詳細はazu氏による『JavaScript Promiseの本』を参考にしてください。

● JavaScript Promiseの本
　http://azu.github.io/promises-book/

set_station_markers命令は、set_station_markers()関数を呼び出します（リスト09-10:44）。この関数では、駅コードの配列を1つずつrosen.setStationMarker関数を呼び、ピンを立てていきます。

これで実装は完了です。

では、試しに東急目黒線不動前駅から東京メトロ早稲田駅の間を経路探索してみましょう。

図09-07　経路探索結果

　このように画面上でタップした駅の間の経路探索ができ、しかも経路を実際の地図上で表示することができました。駅すぱあと路線図と駅すぱあとWebサービスを使えば、ほかにもいろいろな実装ができるはずです。これをきっかけに自分だけのオリジナルのサービスを作ってみてもよいでしょう。

第 10 章
ネイティブモジュールを利用した開発

Expoでは、Expoで提供されているネイティブモジュール以外を利用することはできません。そこで、本章では **React Native CLI** を使い、Expoでは実装できないネイティブモジュールを個別に追加したプログラミング環境を紹介します。

10-1 開発環境のセットアップ

React Native CLIを利用するには、事前に環境のセットアップが必要です。

10-1-1　Java 8以降のインストール

AndroidのネイティブモジュールにはJavaが必要となります。React Nativeでは、現在はOracle JDK 8を推奨しています。

● Java SE Development Kit 8 - Downloads
　http://www.oracle.com/technetwork/java/javase/downloads/jdk8-downloads-2133151.html

Javaのインストールは各OSごとに行ってください。ちなみに、UbuntuではOpen JDK 8でも問題なく動作することを確認しています。

Column　Java／JDKはどれを選ぶべきか

執筆時点では、Oracle JDK 8がもっとも普及しており、安定しているリリースですが、OracleのJDKサポートのルールの変更に伴って、かなり混乱が生じています。少なくとも本書が出版された段階ではOracle JDK 8が安定版として動作しているはずですが、個人利用では2020年12月まで、商用利用にいたっては2019年1月までのサポートとなるため、商用利用となる場合は早めの対応が必要です。

Oracleは、Oracle JDK 11のリリース時に、「Oracle JDK 11と（JDKのオープンソース実装である）Open JDK 11を交換可能にする」という発表を行っており、執筆時点ではその作業中であることがドキュメントに記されています。

● Oracle Java SE サポート・ロードマップ
　http://www.oracle.com/technetwork/jp/java/eol-135779-ja.html

ただし、JDKのバージョンアップを行うと、うまく動かないことが少なくありません。現状でも、Oracle JDK 9以降でReact Nativeが動作しないというケースが報告されています。ただし、これらも時間の問題でしょう。筆者としては、Open JDK 11でうまく動くようになるまではOracle JDK 8の利用をお勧めします。ただし、Oracle JDK 8が入手困難になるケースなどに備えた対策も必要かもしれません。

対策という意味では、Oracle JDKを利用せずにAndroid Studioに梱包されているOpen JDKを利用するという手もあります。たとえば、Oracle JDKを消したmacOS上で、次のような設定で動作をしたのを確認しています。なお、この場合は執筆時点ではOpen JDK 8が採用されています。

Android StudioのOpen JDKを利用するようにしたPATHの設定

```
1  export PATH=$HOME/.nodebrew/current/bin:$PATH
2  export PATH=/Applications/Android\ Studio.app/Contents/jre/jdk/Contents/Home/bin:$PATH
3  export ANDROID_HOME=$HOME/Library/Android/sdk
4  export PATH=$PATH:$ANDROID_HOME/tools
5  export PATH=$PATH:$ANDROID_HOME/tools/bin
6  export PATH=$PATH:$ANDROID_HOME/platform-tools
```

とはいえ、これらはあくまでもAndroid開発環境に限った話なので、システムでJavaが必要な場合は、どうしても問題が出るでしょう。この例は、あくまでも代替案として利用可能であるという認識に留めておいて、必要なJavaのバージョンは各自調べることが大切です。

10-1-2 React Native CLI

React Native CLIは、React Nativeによる開発をサポートするためのツールです。インストールは、Expoと同様にコマンドラインから行います。

コマンド10-1　React Native CLIのインストール

```
$ npm install -g react-native
```

10-2 React Native Cameraで作るバーコードリーダー

手始めに、簡単なアプリケーションを作成してみましょう。**React Native Camera**というNativeライブラリを使って、バーコードリーダーを作成します。

- GitHub - react-native-community/react-native-camera
  https://github.com/react-native-community/react-native-camera

なお、React Native Cameraは、Expoにもライブラリとして含まれています。Expoで試したい人は、Expoの公式ドキュメントを参考にしてください。

- Camera - Expo Documentation
  https://docs.expo.io/versions/v28.0.0/sdk/camera

まずはプロジェクトの初期化から行います。

コマンド10-02 　BarcodeReaderの初期化

```
$ react-native init BarcodeReader
$ cd BarcodeReader
$ npm install
```

この状態でプロジェクトの中身を見てみると、Expoに比べてandroidとiosというディレクトリがあることがわかります。androidディレクトリには、Androidのプロジェクトが配置されます。

まず最初にAndroid Studioでandroidディレクトリを開いてみましょう。Gradleによるチェックが行われ、必要な依存関係があるかどうかをチェックしてくれます。

iosディレクトリにはiOSのプロジェクトが配置されます。React Nativeでは、デフォルトでios/{プロジェクト名}.xcodeprojというXcodeのプロジェクトが作成されます。

では、React Native Cameraをプロジェクトに追加します。

10-2 React Native Cameraで作るバーコードリーダー

コマンド10-03　react-native-cameraを追加
```
$ npm install react-native-camera --save
$ react-native link react-native-camera
```

　`react-native link`は、追加したNativeライブラリをアプリケーションで利用可能にするために必要な設定を行うコマンドです。iOSでは、`project.pbxproj`ファイルにライブラリの参照先やヘッダへのパスなどを通したりします。Androidでは、Gradleの設定にライブラリを追加したり、`MainApplication.java`へライブラリのリンクをするためのコードを追加したりします。`react-native link`に相当する処理を手作業で行うこともできますが、ライブラリがサポートしているのであれば`react-native link`を使うことをお勧めします。なぜなら、iOSでライブラリを追加する際、CocoaPods[1]以外のものだとXcodeから作業をしないといけないので、オペレーションミスが発生しやすいという問題があるためです。

　次に、iOSに対してカメラのアクセスを許可するため、`ios/BarcodeReader/Info.plist`を開き、次の設定を追記します。

リスト10-01　カメラのアクセス許可
```
1  <key>NSCameraUsageDescription</key>
2  <string>カメラを開いてよろしいでしょうか？</string>
```

　今回はバーコードリーダーのみなので、リスト10-01の追加だけで問題ありません。ファイルの書き込みなども実装する場合には、別途、追加が必要になります。
　では、プログラムを記述していきましょう。React Nativeでも、エントリポイントは`App.js`となっています。ただし、これは`index.js`から参照されていることに注意してください。今回は簡単なプログラムなので、一度に変更します。

リスト10-02　App.js
```
1  import React, {Component} from 'react';
2  // 1: 取得したバーコードを表示するためにAlertを利用
3  import { View, Alert } from 'react-native';
4  // 2: react-native-cameraからRNCameraを利用
5  import { RNCamera } from 'react-native-camera';
6
7  export default class App extends Component<Props> {
8
```

---

[1] iOS／macOS向けのアプリを作成する際のライブラリ管理ツールです。「10-3-2　iOSのセットアップ」でインストール方法など、詳しく解説します。

```
 9  constructor(props) {
10    super(props)
11    // 3: バーコードの情報を表示中かどうかを表すフラグを設定
12    this.state = {
13      showBarcode: false
14    }
15  }
16
17  // 4: バーコードの情報を受け取るイベント
18  onBarCodeRead = (obj) => {
19    // 5: バーコードの情報を表示中でなければ表示を行う
20    if (!this.state.showBarcode) {
21      this.setState({showBarcode: true})
22      Alert.alert(
23        'バーコード',
24        obj.data,
25        [
26          {text: "閉じる", onPress: () => {this.setState({showBarcode: false})}}
27        ]
28      )
29    }
30  }
31
32  render() {
33    return (
34      <View style={{flex: 1}}>
35        { /* 6: RNCameraの設定 */ }
36        <RNCamera
37          style={{flex: 1}}
38          permissionDialogTitle={'Permission to use camera'}
39          permissionDialogMessage={'We need your permission to use your camera phone'}
40          onBarCodeRead={this.onBarCodeRead}
41        />
42      </View>
43    );
44  }
45 }
```

まず、読み込んだバーコードを表示するためにAlertコンポーネントをインポートします（リスト10-02:2）。次に、react-native-cameraのRNCameraコンポーネントをインポートします（リスト10-02:4）。イニシャライザでは、stateにバーコードのAlert表示を同時に複数行わないための制御として、showBarcodeというフラグを設定しています（リスト10-02:11）。

次に、バーコードを読み込んだときの動作となるonBarCodeReadを実装します（リスト10-02:17）。onBarCodeReadの引数のオブジェクトとして、typeには読み込んだバーコードのタイプが、dataには読み込んだ文字列が入ります。onBarCodeReadの実装では、stateのshowBarcodeフラグを確認して表示するかどうかを決定し、表示していなければAlert.alertで読み込んだバーコードの値を表示するようにして、Alertを閉じたときにバーコードを再度表示できるようにフラグを元に戻します。renderでは、RNCameraコンポーネントの表示の設定をしますが、今回はバーコードスキャナのみなのでonBarCodeReadとAndroidに必要な文言をセットします（リスト10-02:35）。

では、実際に動かしてみましょう。今回はカメラが必要なので、エミュレータ/シミュレータではなくて実機で動かします。まずは開発用サーバを起動します。

コマンド10-04　開発用サーバを起動

```
$ react-native start
```

10-2-1　Androidの実機テスト

まずはAndroidの実機で起動してみましょう。Androidの実機は、事前にUSBデバッグを有効にしておく必要があります。USBデバッグを有効にするにはAndroidの設定を開き、端末情報を開き「ビルド番号」を7回タップします。すると開発者向けオプションが有効になります。この操作はAndroid Studioの公式ドキュメントを参考にしてください。

第10章 ネイティブモジュールを利用した開発

図10-01　モデル番号を7回タップ

- 端末の開発者向けオプションの設定 ｜ Android Developers
  https://developer.android.com/studio/debug/dev-options?hl=ja

　設定の開発者向けオプションに移動して、USBデバッグの項目を有効にします。USBデバッグが有効になったら、USBケーブルを使ってパソコンとAndroidの端末をつなげます。接続すると、パソコンに対してUSBデバッグを許可するかという確認が表示されます。ここで「このパソコンからUSBデバッグを常に許可する」を有効にすると、次回から確認されなくなります。
　では、別のターミナルを開いて、adb devicesコマンドでUSB接続されているAndroidの実機のデバイスキーを調べます。

コマンド10-05　Androidのデバイスキーを調査

　確認ができたら、Androidの実機のデバイスキーを渡して実行をします。

10-2 React Native Cameraで作るバーコードリーダー

コマンド10-06　Androidの実機でアプリケーションを起動
```
$ react-native run-android --deviceId AHG771300914
```

ただし、執筆時点では、次のようにエラーが発生していました。

コマンド10-07　run-androidのエラー
```
Installing the app on the device (cd android && adb -s AHG771300914 install app/build/
outputs/apk/app-debug.apk
adb: failed to stat app/build/outputs/apk/app-debug.apk: No such file or directory
Command failed: /Users/btm/Library/Android/sdk/platform-tools/adb -s AHG771300914 install
app/build/outputs/apk/app-debug.apk
```

もともとReact Nativeではandroid/app/build/outputs/apkディレクトリ以下にビルドされたAPKファイルが展開されるのですが、この仕様が変更になり、デバッグビルドではandroid/app/build/outputs/apk/debugというディレクトリに配置されるようになったからです。したがって、手動でインストールする必要がありました。

コマンド10-08　手動でapp-debug.apkをAndroidデバイスにインストール
```
$ adb -s AHG771300914 install app/build/outputs/apk/debug/app-debug.apk
```

これで、手動インストールが完了します。あとは、`BarcodeReader`という名前のアプリケーションを探して起動してください。

なお、起動前にUSBケーブルは抜かないでおいてください。Androidでは、開発サーバに接続するためにUSBケーブル経由でlocalhostに接続するという仕組みを採用しているため、USBケーブルを抜くと開発サーバにアクセスできなくなるからです。

起動が完了するとカメラが起動するので、適当なバーコードを読み込んでみてください。

図10-02 Androidの実機でバーコードを読み込ませたところ

10-2-2 iOSの実機テスト

iOSの実機テストを行うためには、Xcodeのプロジェクトで**Provisioning Profile**をセットしておく必要があります。

まずは、Xcodeでプロジェクトファイルを開きます。

コマンド10-09 プロジェクトファイルを開く
```
$ open ios/BarcodeReader.xcodeproj
```

Provisioning Profileがない場合は、Xcodeのメニューから**Preferences**を選択して、**Account**タブを選択します。

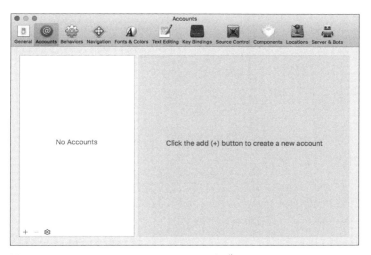

図10-03　Xcode Preferences Accountタブ

次に、＋ボタンを選択して、Apple IDを追加します。

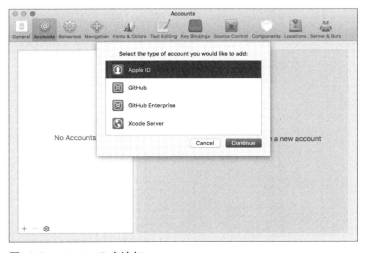

図10-04　Apple IDを追加

追加が完了すると**Team**と**Role**という項目が表示されます。

図10-05　Apple IDの追加完了

これで実機テストが可能になりました。さらにXcodeで3カ所の変更を行います。

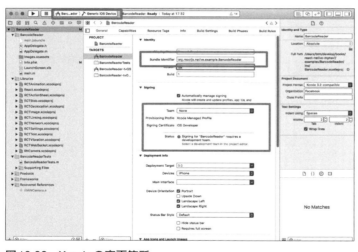

図10-06　Xcodeの変更箇所

まず、**Bundle Identifier**を変更します。Bundle Identifierは、別のTeamが使っているものは指定できません。自動生成されたBundle Identifierはすでに筆者が使ってしまっているため、別のものに変更をしてください。その際には、ドメイン名を逆にしたものを使うのが一般的です。筆者の場合、smellman.orgという名前を使っているので、org.smellman.app.BarcordReaderという名前などを選択します。

次にSingingの項目からTeamを変更します。新規でAccountを設定した場合は**ユーザ名(Personal**

Team）を選択してください。その他の場合は、自分の環境に合わせて適切なTeamを選択してください。

この状態では、Signingの項目でエラーになっているので、開発マシンにUSBでiOS端末を接続し、画面上部のデバイスを選択するところで接続したiOS端末を選択します。

これでSigningのエラーはなくなりますが、まだもう1カ所変更するところがあります。TARGETSの項目から **BarcodeReaderTest** を選びます。そして、こちらもSingingの項目からTeamを変更します。

図10-07　Xcode変更箇所

あとは実機で動かすのですが、2つの方法があります。

1つ目は、Xcodeの右上の矢印ボタンからビルドと実行を行う方法です。この方法はXcodeを利用したことがある人にとっては、お馴染みでしょう。

2つ目はコマンドラインから起動する方法です。コマンドラインでは、react-native run-iosコマンドに--deviceオプションと接続した実機の名前を指定します。

コマンド10-10　run-iosコマンドの例
```
$ react-native run-ios --device "btm's iPhone 7 Plus"
```

これでiOSにアプリケーションがインストールされます。

なお、自動的に実行されますが、環境によっては自動実行がうまくいかない場合があるので、そういった際にはアプリケーションを手動で起動してください。

iOSでは最初にカメラの起動許可を尋ねられます。

図10-08　iOSカメラの起動許可

「OK」を押すとカメラが起動するので、適当なバーコードを読んでみましょう。

図10-09　iOSの実機でバーコードを読み込ませたところ

10-3 Mapbox Maps SDKで作るトイレマップ

React Native CameraはNativeライブラリの中では導入が簡単なものでした。ここでは、導入自体のハードルが比較的高い**Mapbox Maps SDK for React Native**を使った例を紹介します。

Mapbox Maps SDK for React Nativeは、Mapbox社が提供している**Mapbox Maps SDK for Android**と**Mapbox Maps SDK for iOS**をReact Native向けにまとめたライブラリです。

- GitHub - mapbox/react-native-mapbox-gl
  https://github.com/mapbox/react-native-mapbox-gl/

特徴としては、Mapbox社が提供しているエコシステムに沿ったライブラリとなっており、Mapbox社が提供している**Mapbox Studio**と通して地図自体のデザイン変更を取り込んだり、**Mapbox GL JS**などのWeb用のライブラリと共通した地図を利用するなどの仕組みが提供されていることが挙げられます。

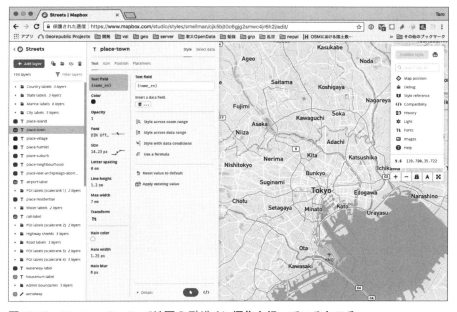

図10-10　Mapbox Studioで地図のデザイン編集を行っているところ

Mapbox社は、多くの仕組みをオープンソースで公開しており[※3]、**Mapbox Vector Tile**といった基幹となる仕組みなどが公開されています。

Mapbox社は、地図のベースとしてOpenStreetMapを活用しており、世界中の地図の改善にビジネスとして取り組んでいます。また、エコシステムの多くがオープンであるため、それらを活用した多くの仕組みがオープンソースで提供されているのも特徴です。そのうちの1つである**OpenMapTiles**を利用すれば、自分たちで地図インフラを提供できます[※4]。

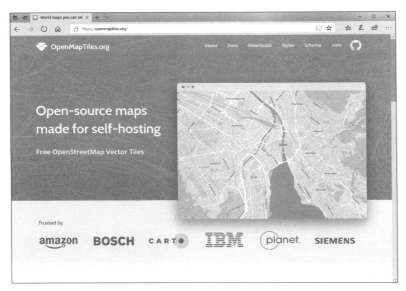

図10-11　OpenMapTiles（https://openmaptiles.org/）

ここでは、第8章で作成したトイレマップをMapbox Maps SDKで実現するとどうなるかを見ていくことにしましょう。ただし、トイレ情報の詳細画面は省略します。

まずトイレマップのプロジェクトを作成します。

コマンド10-11　トイレマップのプロジェクトを作成

```
$ react-native init MBToiletMap
$ cd MBToiletMap
$ npm install
```

※3　Mapbox Studio自体は、古いバージョンのがみオープンソースで公開されています。
※4　筆者自身も、このあたりが専門分野だったりします。

10-3 | Mapbox Maps SDKで作るトイレマップ

次に、**Mapbox Maps SDK for React Native** を取り込みます。

まずは、react-native-cameraと同様にnpm installを使ってプロジェクトのreact-native-mapbox-glを追加します[※5]。

コマンド10-12　react-native-mapbox-glを追加
```
$ npm install @mapbox/react-native-mapbox-gl --save
```

10-3-1　Androidのセットアップ

まずはAndroidのセットアップを行います。

android/build.gradleを開き、allprojects.repositoriesにhttps://jitpack.io/のMavenレポジトリを追加します。

リスト10-03　android/build.gradleにmavenレポジトリを追加
```
 1  allprojects {
 2      repositories {
 3          mavenLocal()
 4          jcenter()
 5          maven {
 6              // All of React Native (JS, Obj-C sources, Android binaries) is installed from npm
 7              url "$rootDir/../node_modules/react-native/android"
 8          }
 9          maven {
10              url 'https://maven.google.com/'
11              name 'Google'
12          }
13          maven { url "https://jitpack.io" }
14      }
15  }
```

次にandroid/app/build.gradleの中のcompileSdkVersionとtargetSdkVersionを26に、buildToolsVersionを26.0.1に変更し、dependenciesにmapbox-react-native-glのプロジェクトを追加します。

[※5] 「react-native-mapbox-gl」という名前は、もともとこの名前で開発されていて、最近になって「Mapbox Maps SDK for React Native」と変更になったという経緯があります。

リスト10-04　android/app/build.gradleの変更

```
1  android {
2      compileSdkVersion 26 // 変更
3      buildToolsVersion "26.0.1" // 変更
4
5      defaultConfig {
6          applicationId "com.mbtoiletmap"
7          minSdkVersion rootProject.ext.minSdkVersion
8          targetSdkVersion 26 // 変更
9          versionCode 1
10         versionName "1.0"
11         ndk {
12             abiFilters "armeabi-v7a", "x86"
13         }
14     }
15 ...
16 }
17 dependencies {
18     compile fileTree(dir: "libs", include: ["*.jar"])
19     compile "com.android.support:appcompat-v7:${rootProject.ext.supportLibVersion}"
20     compile "com.facebook.react:react-native:+"  // From node_modules
21     // 追加
22     compile (project(':mapbox-react-native-mapbox-gl')) {
23         compile ('com.squareup.okhttp3:okhttp:3.6.0') {
24             force = true
25         }
26     }
27 }
```

　compileの追加のところで、compileが1つネストになってcom.squareup.okhttp3:okhttpのバージョンを指定していることに注意してください。これは、Androidで動かしたときの実行時エラーを防ぐためのものです。将来的には修正されている可能性があります。

- No static method toHumanReadableAscii · Issue #1139 · mapbox/react-native-mapbox-gl · GitHub
  https://github.com/mapbox/react-native-mapbox-gl/issues/1139

次に、android/settings.gradle に mapbox-react-native-maps-gl のパスを追加します。

リスト10-05　android/settings.gradle にパスを追加

```
1  rootProject.name = 'MBToiletMap'
2
3  include ':app'
4  include ':mapbox-react-native-mapbox-gl'
5  project(':mapbox-react-native-mapbox-gl').projectDir = new File(rootProject.projectDir,
   '../node_modules/@mapbox/react-native-mapbox-gl/android/rctmgl')
```

最後に、android/app/src/main/java/com/mbtilesmap/MainApplication.java を開いて、Mapbox Maps SDK for React Native を読み込むように修正します。

リスト10-06　android/app/src/main/java/com/mbtilesmap/MainApplication.java をライブラリを読み込むように編集

```
1  package com.mbtoiletmap;
2
3  import android.app.Application;
4
5  import com.facebook.react.ReactApplication;
6  import com.facebook.react.ReactNativeHost;
7  import com.facebook.react.ReactPackage;
8  import com.facebook.react.shell.MainReactPackage;
9  import com.facebook.soloader.SoLoader;
10 import com.mapbox.rctmgl.RCTMGLPackage; // 追加
11
12 import java.util.Arrays;
13 import java.util.List;
14
15 public class MainApplication extends Application implements ReactApplication {
16
17   private final ReactNativeHost mReactNativeHost = new ReactNativeHost(this) {
18     @Override
19     public boolean getUseDeveloperSupport() {
20       return BuildConfig.DEBUG;
21     }
22
```

```
23      @Override
24      protected List<ReactPackage> getPackages() {
25        return Arrays.<ReactPackage>asList(
26          new MainReactPackage(),
27          new RCTMGLPackage() // 追加
28        );
29      }
30
31      @Override
32      protected String getJSMainModuleName() {
33        return "index";
34      }
35    };
36
37    @Override
38    public ReactNativeHost getReactNativeHost() {
39      return mReactNativeHost;
40    }
41
42    @Override
43    public void onCreate() {
44      super.onCreate();
45      SoLoader.init(this, /* native exopackage */ false);
46    }
47  }
```

また、Android Studioでandroidディレクトリをプロジェクトとして開きます。Gradleのバージョンアップが促されるので、それを実施します。

10-3-2 iOSのセットアップ

iOSのセットアップを行うためには、まず**CocoaPods**をインストールする必要があります。

- CocoaPods.org
  https://cocoapods.org/

CocoaPodsは、iOSやmacOS向けの開発ライブラリの管理を提供するための仕組みで、Rubyで書かれており、**RubyGems**[※6]として提供されています。

コマンド10-13　CocoaPodsをインストール
```
$ sudo gem install cocoapods
```

iosディレクトリに移動して、pod initコマンドでCocoaPodsを初期化します。

コマンド10-14　CocoaPodsを初期化
```
$ cd ios
$ pod init
```

Podfileというファイルが作成されるので、公式ドキュメントに沿ってリスト10-07のように書き換えます。

● react-native-mapbox-gl/install.md at master · mapbox/react-native-mapbox-gl · GitHub
https://github.com/mapbox/react-native-mapbox-gl/blob/master/ios/install.md

リスト10-07　Podfileの修正
```
1  # Uncomment the next line to define a global platform for your project
2  # platform :ios, '9.0'
3
4  target 'MBToiletMap' do
5    # Uncomment the next line if you're using Swift or would like to use dynamic frameworks
6    # use_frameworks!
7
8    # Pods for MBToiletMap
9
10   target 'MBToiletMapTests' do
11     inherit! :search_paths
12     # Pods for testing
13   end
14
15   # Flexbox Layout Manager Used By React Natve
16   pod 'yoga', :path => '../node_modules/react-native/ReactCommon/yoga/Yoga.podspec'
```

[※6]　Ruby言語用のパッケージ管理システムです。gemコマンドによって、簡単にパッケージをインストールできます。

```ruby
  # React Native
  pod 'React', path: '../node_modules/react-native', subspecs: [
    # Comment out any unneeded subspecs to reduce bundle size.
    'Core',
    'DevSupport',
    'RCTActionSheet',
    'RCTAnimation',
    'RCTBlob',
    'RCTCameraRoll',
    'RCTGeolocation',
    'RCTImage',
    'RCTNetwork',
    'RCTPushNotification',
    'RCTSettings',
    'RCTTest',
    'RCTText',
    'RCTVibration',
    'RCTWebSocket',
    'RCTLinkingIOS'
  ]

  # Mapbox
  pod 'react-native-mapbox-gl', :path => '../node_modules/@mapbox/react-native-mapbox-gl'

end

target 'MBToiletMap-tvOS' do
  # Uncomment the next line if you're using Swift or would like to use dynamic frameworks
  # use_frameworks!

  # Pods for MBToiletMap-tvOS

  target 'MBToiletMap-tvOSTests' do
    inherit! :search_paths
    # Pods for testing
  end
```

```
54
55 end
```

そして、pod installを実行します。

コマンド10-15　pod installを実行
```
$ pod install
```

このとき、次のようなエラーが出た場合は、最初のtarget内のMBToiletMap-tvOSTestsを削除してください。

コマンド10-16　Podfileによるエラー
```
Analyzing dependencies
[!] The target `MBToiletMap-tvOSTests` is declared twice.
```

10-3-3　アカウントの用意

開発を行う前に、Mapboxのアカウントを作成しておく必要があります。
MapboxのSign Upページでアカウントを作成します。

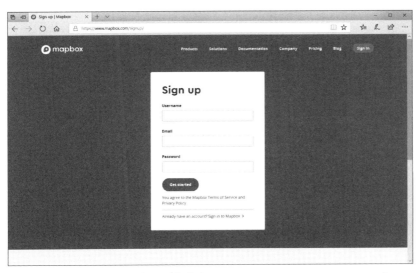

図10-12　Mapboxのアカウント作成（https://www.mapbox.com/signup/）

アカウントはすぐ作成されるので、アクセストークンのページに移動して、自分のアクセストークンを確認します。

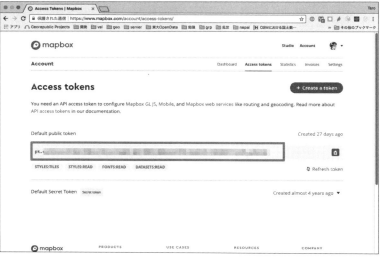

図10-13　Mapboxのアクセストークンを確認（https://www.mapbox.com/account/access-tokens/）

10-3-4　アプリケーションの作成

では、アプリケーションを作成していきましょう。

まずはApp.jsを編集します。

リスト10-08　App.js　tag:10-2-1

```
 1  import React, {Component} from 'react';
 2  import {View} from 'react-native';
 3  // 1: MapboxGL を importする
 4  import MapboxGL from '@mapbox/react-native-mapbox-gl';
 5
 6  export default class App extends Component<Props> {
 7
 8    // 2: componentWillMountでアクセストークンを指定する
 9    async componentWillMount () {
10      MapboxGL.setAccessToken("あなたのキー ");
11    }
```

```
12
13    render() {
14      // 3: 地図を東京駅を中心に描画する
15      return (
16        <MapboxGL.MapView
17          zoomLevel={14}
18          centerCoordinate={[139.766403, 35.681262]}
19          styleURL="mapbox://styles/mapbox/streets-v10"
20          style={{flex: 1}}
21        />
22      )
23    }
24  }
```

まずMapboxGLをimportします（リスト10-08:3）。

次に、componentWillMountのタイミングでMapboxGL.setAccessToken関数を実行してアクセストークンを指定します。なお、アクセストークンはpk.から始まる文字列です。Mapbox Maps SDK自体はMapbox以外のサービスも利用できるようになっていますが、AndroidのみはsetAccessTokenの実装でpk.から始まる文字列をチェックするようになっているので、Mapbox以外のサービスを使う場合でもダミーの文字列を与える必要があります。

リスト10-09　Mapbox以外のサービスを使う場合の抜け道
```
1   async componentWillMount () {
2     MapboxGL.setAccessToken("pk.dummy");
3   }
```

renderの実装は、MapboxGL.MapViewをズームレベル（zoomLevel）と中心座標（centerCoordinate）と地図のスタイルのURL（styleURL）を指定します（リスト10-08:14）。中心座標は、react-native-mapsとは違い、「longitude, latitude」の並びになっていることに注意してください。

ズームレベルは、Web地図一般で使われている概念で、世界中（北極点、南極点を除く）を一度に表示できる値を0として、ズームレベルが1つ上がるごとに地図を縦横それぞれ2×2分割していくという仕組みです。これらの概念は、地理空間情報エンジニアの間では**地図タイル**と呼ばれています。地図タイル自体の解説は国土地理院が提供している地理院地図の地理院タイル仕様を参考にしてください。

●地理院地図｜地理院タイル仕様
https://maps.gsi.go.jp/development/siyou.html

地図については、今回はmapboxが標準で提供しているものを利用するため、スキーマがmapboxから始まるようになっています。もちろん、スキーマ自体は別のURLから読み込むこともできます。

では、アプリケーションを起動してみましょう。

コマンド10-17　React Nativeのアプリケーションの起動

```
$ react-native start

# 別の端末で
# Androidの場合
$ react-native android
# iOSの場合
$ react-native ios
```

図10-14　Mapbox Maps SDKを利用した地図アプリケーション

問題なく、地図が表示されたでしょうか。なお、Androidエミュレータを利用している場合は表示できない可能性があります。その場合は実機で試してみてください。

では、今度は第8章のコードを参考に、トイレ情報を取得して表示するところまで行いましょう。

10-3 Mapbox Maps SDKで作るトイレマップ

リスト10-10　App.js　tag:10-2-2

```js
import React, {Component} from 'react';
// 1: 省略していたStyleSheetなどを追加
import {View, StyleSheet, Text, TouchableOpacity} from 'react-native';
import MapboxGL from '@mapbox/react-native-mapbox-gl';

export default class App extends Component<Props> {

  // 2: MapboxGL.MapViewへの参照
  mapView = null

  constructor(props) {
    super(props)
    this.state = {
      elements: [],
    }
  }

  async componentWillMount () {
    MapboxGL.setAccessToken("アクセストークン");
  }

  // 3: 8章のトイレマップから関数をコピー
  fetchToilet = async () => {
    // 4: 範囲だけはMapboxGL.MapViewの関数から直接取得するようにする
    const bounds = await this.mapView.getVisibleBounds()
    const south = bounds[1][1]
    const west = bounds[1][0]
    const north = bounds[0][1]
    const east = bounds[0][0]
    const body = `
[out:json];
(
  node
    [amenity=toilets]
    (${south},${west},${north},${east});
  node
    ["toilets:wheelchair"=yes]
```

307

```
38            (${south},${west},${north},${east});
39        );
40        out;
41        `
42        const options = {
43          method: 'POST',
44          body: body
45        }
46        try {
47          const response = await fetch('https://overpass-api.de/api/interpreter', options)
48          const json = await response.json()
49          this.setState({elements: json.elements})
50        } catch (e) {
51          console.log(e)
52        }
53      }
54
55      render() {
56        // 5: トイレマップ同様の実装を行う
57        return (
58          <View style={styles.container}>
59            { /* 6: refとstyleを追加 */}
60            <MapboxGL.MapView
61              ref={mapView => this.mapView = mapView}
62              zoomLevel={14}
63              centerCoordinate={[139.766403, 35.681262]}
64              styleURL="mapbox://styles/mapbox/streets-v10"
65              style={styles.mapview}
66            >
67              {
68                this.state.elements.map((element) => {
69                  let title = "トイレ"
70                  if (element.tags["name"] !== undefined) {
71                    title = element.tags["name"]
72                  }
73                  // 7: マーカーの代わりにPointAnnotationを利用
74                  return (
```

```
              <MapboxGL.PointAnnotation
                coordinate={[element.lon, element.lat]}
                title=""
                key={"id_" + element.id}
                id={"id_" + element.id}
              >
                { /* 8: マーカーに相当するものがないのでViewでポイントを表示する */ }
                <View style={styles.annotationContainer}>
                  <View style={styles.annotationFill} />
                </View>
                { /* 9: PointAnnotationをタップした時のCalloutを指定する */ }
                <MapboxGL.Callout title={title} />
              </MapboxGL.PointAnnotation>
            )
          })
        }
      </MapboxGL.MapView>
      <View style={styles.buttonContainer}>
        <TouchableOpacity
          onPress={() => this.fetchToilet()}
          style={styles.button}
        >
          <Text style={styles.buttonItem}>トイレ取得</Text>
        </TouchableOpacity>
      </View>
    </View>
   )
  }
}

// 10: スタイルは元のトイレマップからコピー
const styles = StyleSheet.create({
  container: {
    flex: 1,
    backgroundColor: '#fff',
    alignItems: 'center',
    justifyContent: 'flex-end',
```

```
112      },
113      mapview: {
114        ...StyleSheet.absoluteFillObject,
115      },
116      buttonContainer: {
117        flexDirection: 'row',
118        marginVertical: 20,
119        backgroundColor: 'transparent',
120        alignItems: 'center',
121      },
122      button: {
123        width: 150,
124        alignItems: 'center',
125        justifyContent: 'center',
126        backgroundColor: 'rgba(255,255,255,0.7)',
127        paddingHorizontal: 18,
128        paddingVertical: 12,
129        borderRadius: 20,
130      },
131      buttonItem: {
132        textAlign: 'center'
133      },
134      // 11: annotation用のスタイルを定義
135      annotationContainer: {
136        width: 30,
137        height: 30,
138        alignItems: 'center',
139        justifyContent: 'center',
140        backgroundColor: 'white',
141        borderRadius: 15,
142      },
143      annotationFill: {
144        width: 30,
145        height: 30,
146        borderRadius: 15,
147        backgroundColor: 'orange',
148        transform: [{ scale: 0.6 }],
```

```
149    },
150  });
```

まず初めに、最初の実装にはなかったスタイルシートなどをimportします（リスト10-10:2）。

次に、MapboxGL.MapViewのメソッドを呼び出せるようにするため、参照となる変数を追加します（リスト10-10:8）。

そして、fetchToilet関数をそのままコピーします（リスト10-10:22）。ただし、先頭の部分だけは実装を変更します。react-native-mapsでは、画面表示している範囲を取得するために、画面が変更されるたびに範囲を計算していました。しかし、MapboxGL.MapViewには画面で表示している範囲の座標を取得するgetVisibleBoundsという関数が用意されているため、この関数を利用しています（リスト10-10:24）。なお、getVisibleBoundsの返り値は[ne, sw]となるので、配列から範囲を取得します。

renderでは、元のトイレマップと同様の構成のレイアウトを返すようにします（リスト10-10:56）。MapboxGL.MapViewも元のトイレマップと同様にStyleSheet.absoluteFillObjectを使うようにstyleを変更し、fetchToilet関数でgetVisibleBoundsが呼び出せるようにrefを追加します（リスト10-10:59）。

マーカーの実装はMapbox Maps SDKにはないので、代わりにMapboxGL.PointAnnotationを利用します（リスト10-10:73）。座標の指定は、MapboxGL.MapViewと同様に「longitude, latitude」の並びになります。titleプロパティは必須ではないものの、MapboxGL.Calloutを表示するために必要なので、空文字列を入れておきます。MapboxGL.PointAnnotationではkeyプロパティ以外にもidプロパティが必須となります。id値は別のMapboxGL.PointAnnotationと重複しないように設定する必要があります。今回はkeyプロパティもidプロパティも同じものを入れておきます。

また、マーカー自体がないので、代わりViewを使って実装をします（リスト10-10:81）。丸い画面を表示するために、2つのViewを組み合わせて実装しています。それぞれのViewのスタイルで、外枠に相当するものはborderRadiusを使って白い円を、内枠に相当するものは同じようにborderRadiusを使ってオレンジ色の円を作りますが、内枠はtransformを使って0.6倍の大きさの円になるようにします（リスト10-10:134）。

MapboxGL.Calloutの実装は、今回はイベントなどを用意しないので、単純にtitleプロパティを指定しています（リスト10-10:85）。これでMapboxGL.PointAnnotationをタップしたときにタイトルが表示されるようになります。

スタイルの実装は、元のトイレマップから必要な部分をコピーしてきます（リスト10-10:105）。

では、アプリケーションをリロードしてみましょう。

第10章 ネイティブモジュールを利用した開発

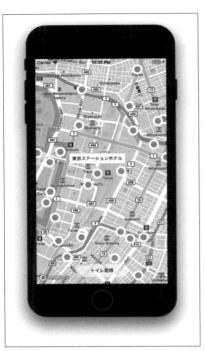

図10-15　Mapbox Maps SDKで実装したトイレマップ

Column　ExpoにMapbox Maps SDKが導入される可能性

Expoでは、常にユーザーからのフィードバックを受け付けています。

● Expo Feedback
　https://expo.canny.io/

その中に、新しい機能の要望を受け付ける Feature Requests というフォームがあります。

● Feature Requests - Expo
　https://expo.canny.io/feature-requests/

昨年からMapbox Maps SDK（Mapbox GL）の導入に対するリクエストが上がっていました。

● Add Mapbox GL support
　https://expo.canny.io/feature-requests/p/add-mapbox-gl-support

10-3　Mapbox Maps SDKで作るトイレマップ

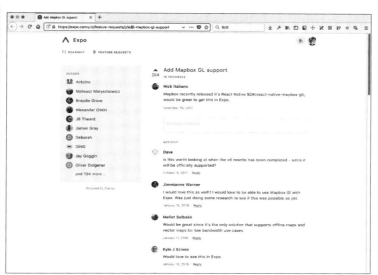

Add Mapbox GL support

　Feature Requestsでは、ユーザーが投票を行うことでニーズがどれぐらいあるか、そして、さまざまなコメントを元に議論を進めますが、最近になってこのリクエストのステータスが「PLANNED」に変更されて、その数日後に「IN PROGRESS」というステータスに変化しました。つまり、将来的にExpoでもMapbox Maps SDKがそのまま利用できる可能性が強くなってきたといえます。

　ExpoでMapbox Maps SDKが導入されると、react-native-mapsに続き、地図の選択肢がもう1つ増えることになります。開発者にとっては、Expoによって面倒なセットアップを回避できるとともに、使える地図が増えることでニーズに合わせてライブラリが選択できるという利点があります。

　本書で述べたように、Mapbox Maps SDKではOpenStreetMapのデータを使っているという強みがあります。OpenStreetMapでは自由に地図を作ることができるため、その恩恵を受けることができます。たとえば、Google MapsやAppleの地図では苦手とされている地域向けのアプリケーションを構築する際には大きなアドバンテージになります。さらに言うと、対象としている地域の地図が物足りなかったら「地図データを書いてしまえばいい！」という選択肢が生まれるわけです。

　このように、ExpoでMapbox Maps SDKが導入されることは、今までなかった可能性を引き出す可能性を秘めています。筆者はこの導入のプロセスを注視しており、よりよい地図の選択肢となることを期待しています。

第 11 章
Storeへの配信

React Native ／ Expoを利用したアプリもStoreへの配信を行うことができます。ただし、Storeへ配信する前にいくつかの準備が必要です。

- スプラッシュスクリーンの画像の用意
- アイコンファイルの用意
- Android向けにAndroid PackageとVersion Codeの用意
- iOS用にBundle Identifierの用意
- react-native-mapsを利用している場合はGoogle MapsのAPIキーの用意

その他にもiOS向けには**App Store Review Guidelines**に準拠するなどの注意点があります。今回はExpoではトイレマップを、React Nativeではバーコードリーダーを Storeに配信する手前までの作業を解説します。

11-1 スプラッシュスクリーンの作成

　React Nativeで開発したアプリでも、Expoで開発したアプリでも、起動時に表示されるスプラッシュスクリーンが必要です。そこで、まずはスプラッシュスクリーンを作成します。ただし、React Native版のAndroid用アプリではスプラッシュスクリーンの実装は省略します。というのも、少し高度な内容になるため、本書が扱う範囲を超えているからです。

　今回は、黄色で埋め尽くされただけの画像をスプラッシュスクリーンとして使ってみます。

　ImageMagickが入っている環境であれば、次のコマンドで作成が可能です。

コマンド11-01　ImageMagickで黄色いスプラッシュスクリーンを作成
```
$ convert -size 1242x2436 xc:yellow splash.png
```

　ImageMagickがない場合、画像編集ソフトで1,242×2,436の画像を作成してください。単純な画像なので、Windows付属の**ペイント**などでも作成できます。

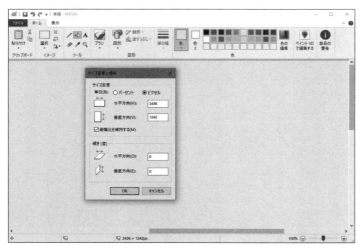

図11-01　「ペイント」でのスプラッシュスクリーン画像の作成

　Expoでスプラッシュスクリーンを追加するには、作成されたsplash.pngをソースのassets/splash.pngと差し替えます。Expoでのスプラッシュスクリーンの追加は、これだけで完了です。

React Native側のiOSでの設定には、**Interface Builder**を使います。Images.xcassetsを選択して、下の＋ボタンから「New Image Set」を選択します。

図11-02　Images.xcassetsを選択

TopImagesというイメージセットを追加し、作成したsplash.pngをドロップして追加します。

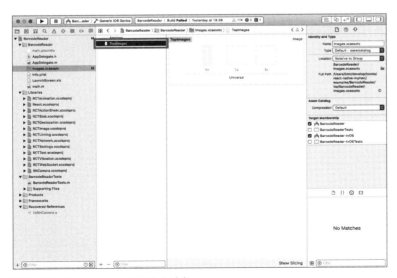

図11-03　TopImagesに画像を追加

次に、LaunchScreen.xibを選択します。選択するとデバイスの選択が表示されますが、今回はデバイスごとにスプラッシュスクリーンを分けないので、そのまま **Choose Device** を選択します。

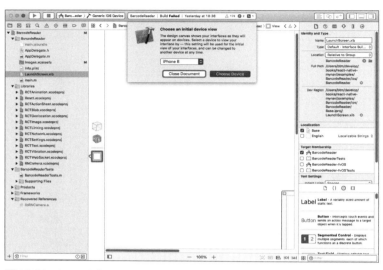

図11-04　LaunchScreen.xib

初期画面ではreact-native initで最初に作られたデフォルトのスプラッシュ画面のテキストが配置されているので、それらをすべて消します。

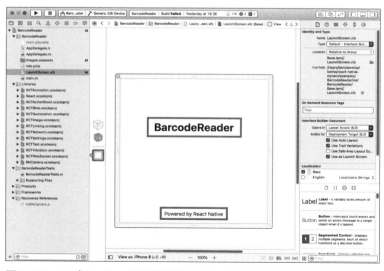

図11-05　スプラッシュの初期画面のテキスト

画面右下からImageと検索して**Image View**を選択し、そのまま**xib**の画面にドラッグします。

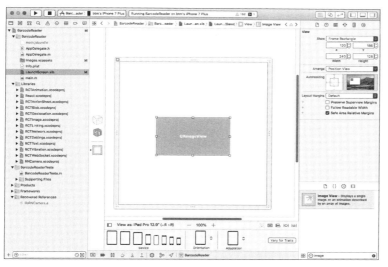

図11-06　UIImageViewをドラッグ

画面右から**Attribute Inspector**を選択して、**image**の項目でイメージセットのTopImagesを選択します。

図11-07　UIImageViewのimageを選択

隣のSize Inspectorを選択し、XとYを0に、WidthとHeightを480に指定して、Autoresizingのすべてにチェックを入れ、解像度が変わっても画面に画像が収まるようにします。

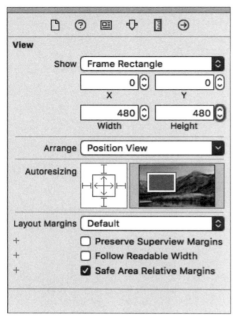

図11-08　Size Inspectorの設定

これで、実際のアプリを起動すると、起動時に画面がすべて黄色の画像に収まるようになります。React NativeのiOS側のスプラッシュスクリーンは、このようにInterface Builderの知識が必要になるので注意してください。

11-2 アイコンの作成

アイコンの作成は、比較的簡単です。

まず、ベースとなる画像を1,024×1,024のサイズで作成します。スプラッシュスクリーンを作成したのと同じようにすればよいでしょう。ただし、アルファチャンネルを含まないPNG画像にしてください。

Expoでは、assets/icon.pngを作成した画像で置き換えます。

React Nativeでは、AndroidとiOSに向けて各画像を作成します。ただし、それぞれ画像を作成するのは面倒なので、アプリアイコンの作成に特化したWebサービスを利用するとよいでしょう。たとえば、**MakeAppIcon**は、AndroidとiOSに最適化されたアイコンにリサイズしてくれるサービスです。

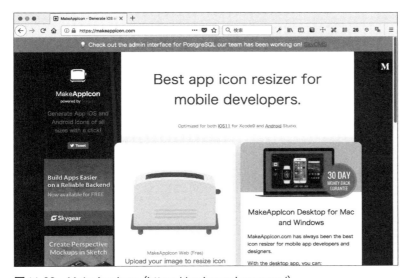

図11-09 MakeAppIcon（https://makeappicon.com/）

このサイトのトースターのような領域に、先ほど作成したアイコンファイルをドロップします。アイコンファイルの作成が完了したら、メールアドレスを入力するとメール経由でアイコン画像一式がzipファイルで送られてきます。

第11章 Storeへの配信

図11-10 アプリアイコン一式

展開すると、種類ごとにアイコンが揃っているので、これらをAndroidとiOSでそれぞれアイコンを差し替えていきます。

Androidでは、まずandroid/app/src/main/res/を開きます。ここには画像などのリソースが収められているので、このディレクトリにあるic_launcher.pngを差し替えます。

図11-11 Androidのリソースの置き換え

iOSではXcodeを開き、**Images**のAppIconというイメージセットを開きます。そして、ここに対応する画像を反映します。

11-2 アイコンの作成

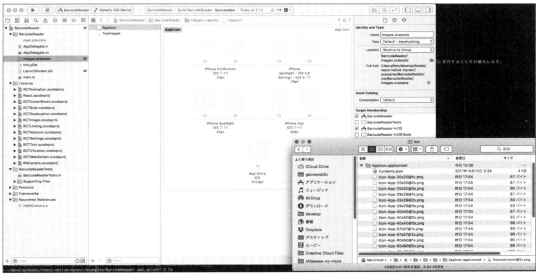

図11-12　AppIconに反映

11-3 Google Playでの配信

Google Playで配信するためには、配信に利用する**APKファイル**を作成する必要があります。

ここでは、ExpoとReact Nativeのアプリケーションごとに APK ファイルを作成する方法について解説します。なお、最終的な配布のためには**Google Play Console**への登録が必要ですが、登録に25ドルかかることに注意してください。

11-3-1 ExpoでのAPKファイルの作成手順

トイレマップのapp.jsonファイルに、APKファイルの作成に必要な情報を記述します。

リスト11-01　app.jsonにAndroidの情報を記述

```
{
  "expo": {
    // 省略
    "android": {
      "package": "org.smellman.app.toiletmap",
      "versionCode": 1
    }
  }
}
```

androidの項目に、packageとversionCodeを追加します。packageは、アプリケーションのパッケージ名です。これには、ほかのアプリケーションと同じものは使えないことに注意してください。また、ドメイン名を逆向きにしたものを使うのが一般的です。この例では、筆者が利用しているsmellman.orgを逆向きにして利用しています。versionCodeは、Google Playで判別されるバージョンを指定します。初回であれば1でよいのですが、バージョンが上がるごとに、この値を上げていく必要があります。通常のアプリケーションであれば、このような設定で構いませんが、このトイレマップではreact-native-mapsを利用しているので、Google Maps APIの**APIキー**が必要になります。ただし、APIキーに使うSHA-1ハッシュを取得するためには、この段階でいったんビルドをしておく必要があります。

コマンド11-02　Androidのアプリケーションをビルド
```
$ exp build:android
```

では、APIキーの取得を行います。APIキーは**Google API Manager**から取得します。

● Google API Manager
　https://console.developers.google.com/apis

図11-13　Google API Manager

まずはAPIとサービスの有効化から、**Maps SDK for Android**を有効にします。次に、「認証情報」タブに移動して認証情報を作成を選択し、APIキーを選択します。

図11-14　APIキーを選択

APIキーを作成したら、キーを制限を押します。

図11-15　キーを制限

次に、ターミナルでexp fetch:android:hashesを実行して、Androidの制限に必要なSHA-1ハッシュ情報を取得します。

コマンド11-03　ハッシュ情報の取得
```
$ exp fetch:android:hashes
```

次のようにハッシュ値が返ってきます。

コマンド11-04　ハッシュ値
```
[12:21:53] Retreiving Android keystore for @smellman/ToiletMap
[12:21:57] Writing keystore to /Users/btm/develop/books/react-native-mynavi/examples/ToiletMap/ToiletMap.tmp.jks...
[12:21:57] Google Certificate Fingerprint:  66:61:3B:76:86:B8:5E:CB:70:1B:A9:71:BC:A5:F7:A8:45:7B:75:42
[12:21:57] Google Certificate Hash:         66613B7686B85ECB701BA971BCA5F7A8457B7542
[12:21:57] Facebook Key Hash:               ZmE7doa4XstwG6lxvKX3qEV7dUI=
[12:21:57] All done!
```

このうち、Google Certificate Fingerprintの値を控えておきます。

Webブラウザの画面に戻り、必要な情報を入力していきます。APIキーの名前をわかりやすいものに変更し、アプリケーションの制限でAndroidアプリを選択します。するとパッケージ名とSHA-1ハッシュの組み合わせの入力画面になるので、パッケージ名にはapp.jsonで追加したandroid.packageの名前を、SHA-1には先ほどターミナルで取得したGoogle Certificate Fingerprintの値を入力します。

第11章　Storeへの配信

図11-16　アプリケーションの制限に必要な値を入力

これで「保存」を押すと、アプリケーションの制限がかかったAPIキーが作成されるので、このキーをapp.jsonに反映します。

リスト11-02　app.jsonにAPIキーを反映

```
 1  {
 2    "expo": {
 3      // 省略
 4      "android": {
 5        "package": "org.smellman.app.toiletmap",
 6        "versionCode": 1,
 7        "config": {
 8          "googleMaps": {
 9            "apiKey": "AIzaSyAFLK886EL9blaJ8SVN2EgzPMhÐiALPlzo"
10          }
11        }
12      }
13    }
14  }
```

最終的な設定ができたので、再度ビルドを行います。

コマンド11-05　アプリケーションのビルド
```
$ exp build:android
```

作成が完了すると、成功したというメッセージとともにURLが表示されます[※1]。

コマンド11-06　アプリケーションのビルド成功のメッセージ
```
[13:31:19] Successfully built standalone app: https://exp-shell-app-assets.s3.us-west-1.
amazonaws.com/android/%40smellman/ToiletMap-xxxxxx-signed.apk
```

では、ダウンロードしてAPKを実機にインストールしてみましょう。

コマンド11-07　アプリケーションをインストール
```
$ adb -s AHG771300914 install ToiletMap-xxxxxx-signed.apk
```

無事に起動したら成功です。

11-3-2　React NativeでのAPKファイルの作成手順

React Nativeで開発したアプリを、Google Playに配信可能なAPKファイルとして作成するには、アプリの署名を行う必要があります。

まずバーコードリーダーアプリのandroid/appディレクトリに移動して、keytoolコマンドを使ってキーストアを作成します。

コマンド11-08　キーストアの作成
```
$ cd android/app
$ keytool -genkey -v -keystore barcodereader.keystore -alias barcodereader-key-alias
-keyalg RSA -keysize 2048 -validity 10000
```

キーストアには、証明書に必要なデータを入力していきます。パスワードの入力を求められるので2回同じものを入力します。次に氏名を入力します。次に組織単位名を聞かれます。ここではドメインから作成するので、今回はOrganizationと入力します。会社などではCompanyとするとよいでしょう。次の組

[※1]　実際には「xxxxxx」はユニークな値が埋め込まれていますが、誰でもダウンロードできてしまうので隠しています。

織名ですが、筆者は個人用に作成しているので、smellman.orgとしました。会社では会社名を正確に入力してください。次に都市名または地域名を聞かれます。筆者は東京の渋谷区在中なのでShibuya-kuと入力します。都道府県名または州名はTokyoと入力します。そして、この単位に該当する2文字の国コードを聞かれるのでJPと入力をします。入力した項目が正しいかを聞かれるので、Yと入力します。

最後にコマンドライン引数に指定したaliasの鍵パスワードを入力します。今回はキーストアと同じ鍵パスワードを使うので、そのままEnterを押します。

作成が完了するとWarningが発生しますが、今回はこのままで問題ありません。

図11-17　キーストアの情報入力

Gradleで扱えるように変数を設定します。今回は個人の設定に書き込みます。

まず、ホームディレクトリに.gradleディレクトリがあるかを確認してください。なかったら作成し、その中にgradle.propertiesというファイルを作成して編集します。

次に、今回作成した「キーストアの名前」「エイリアス」「ストアのパスワードとキーのパスワード」を変数として設定します。

11-3 Google Playでの配信

リスト11-03　~/.gradle/gradle.properites に書き込む内容

```
1  BARCODEREADER_RELEASE_STORE_FILE=barcodereader.keystore
2  BARCODEREADER_RELEASE_KEY_ALIAS=barcodereader-key-alias
3  BARCODEREADER_RELEASE_STORE_PASSWORD=testtest
4  BARCODEREADER_RELEASE_KEY_PASSWORD=testtest
```

次に、android/app/build.gradle を開いて signingConfigs を追加し、buildTypes.release に signingConfig を追加します。

リスト11-04　android/app/build.gradle に追加、編集する内容

```
1   // signingConfigsを追加
2   signingConfigs {
3       release {
4           if (project.hasProperty('BARCODEREADER_RELEASE_STORE_FILE')) {
5               storeFile file(BARCODEREADER_RELEASE_STORE_FILE)
6               storePassword BARCODEREADER_RELEASE_STORE_PASSWORD
7               keyAlias BARCODEREADER_RELEASE_KEY_ALIAS
8               keyPassword BARCODEREADER_RELEASE_KEY_PASSWORD
9           }
10      }
11  }
12  buildTypes {
13      release {
14          minifyEnabled enableProguardInReleaseBuilds
15          proguardFiles getDefaultProguardFile("proguard-android.txt"), "proguard-rules.pro"
16          // signingConfigを追加
17          signingConfig signingConfigs.release
18      }
19  }
```

そして、実際のビルドを行います。android ディレクトリに移動し、gradlew コマンドを実行してリリース用の APK ファイルをビルドします。

コマンド11-09　リリース用APKファイルをビルド

```
$ cd android
$ ./gradlew assembleRelease
```

第11章 Storeへの配信

　これで、リリース用のAPKファイルが作成されました。app/build/outputs/apk/release/app-release.apkにファイルができあがるので、実機などにインストールしてみましょう。

コマンド11-10　実機へのインストール
```
$ adb -s AHG771300914 install app/build/outputs/apk/release/app-release.apk
```

　無事に起動したら成功です。

11-4 App Storeでの配信

AppleのApp Storeで配信するには、ExpoであればIPAファイルを作成してApplication Loader経由で、React Nativeであれば直接XcodeからApp Storeへアップロードを行います。

また、Google Playと違い、あらかじめApp Storeに配布ができるようにApple Developer Programに登録しておく必要があります。年間11,800円と少々お高めですが、ここからはApple Developer Programに加入していることを前提として進めます。

11-4-1　App Storeの準備

Appleの開発者向けサイトにログインしてからCertificates, Identifiers & Profilesに移動して、App IDを新規に追加します。Apple IDには複数のチームが紐づく場合があるので、必ず適切なチームで新規作成してください。

今回はExpoで使うトイレマップのApp IDは`org.smellman.app.toiletmap`、React Nativeで使うバーコードリーダーのApp IDは`org.smellman.app.barcodereader`としています。

まず、App IDsで＋ボタンを押して、新規追加画面に移動します。

次に、App ID Descriptionにわかりやすい名前を、App ID SuffixはExplicit App IDを選択してApp IDを入力します。

第11章 Storeへの配信

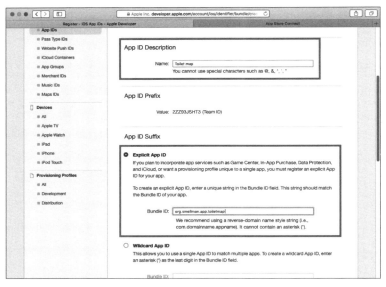

図11-18 App IDの新規追加

ほかはそのままで作成を完了させます。

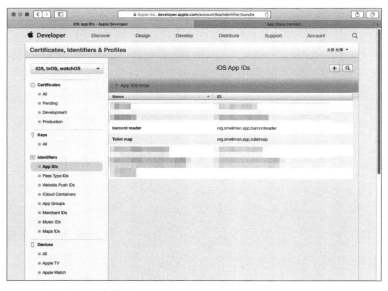

図11-19 App ID作成後

続いて、**App Store Connect**に移動します。

図11-20　APP Store Connect（https://appstoreconnect.apple.com/）

ここでマイAppに移動して＋ボタンからアプリの新規作成をします。

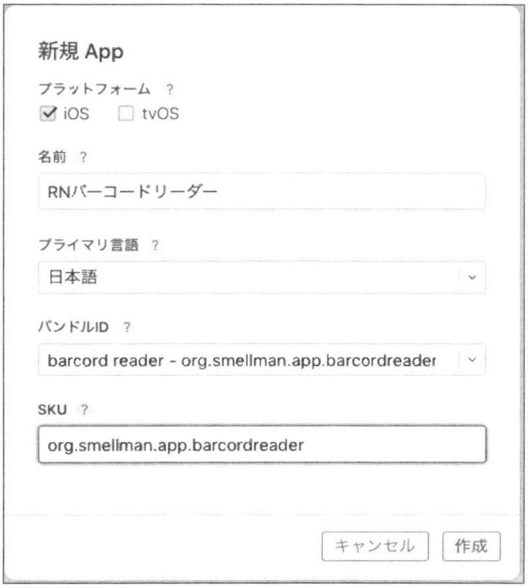

図11-21　アプリの追加

なお、App IDが選択できない場合は違うチームで作業している可能性があるので、必ず「Certificates, Identifiers & Profiles」で扱ったチームと同じチームで作業をしてください。また、アプリの名前は使えないケースがあります。

図11-22　アプリの名前が使えないケース

この場合、いったんキャンセルしてから改めて新しい名前を入力してください（名前を変更して保存をしたらエラーになる場合があります）。

作成が完了したら準備完了です。

11-4-2　ExpoでのIPAファイルの作成およびApp Storeへの配信手順

Expoでは、Androidと同様に、`app.json`に設定を記述します。この例では、Bundle Identifierの追加のみを行います。

まず、トイレマップの`app.json`を編集します。

リスト11-05　app.jsonへiOSの情報を記述

```
{
  "expo": {
    // 省略
    "ios": {
      "supportsTablet": true,
      "bundleIdentifier": "org.smellman.app.toiletmap"
    },
    // 省略
  }
}
```

あとは、これまでと同様にビルドを行います。

コマンド11-11　iOSのビルド

```
$ exp build:ios
```

すると、次のように。証明書をどうするかの確認が行われます。

コマンド11-12　証明書の扱いの確認

```
[14:40:27] No currently active or previous builds for this project.
? How would you like to upload your credentials?
 (Use arrow keys)
> Expo handles all credentials, you can still provide overrides
  I will provide all the credentials and files needed, Expo does limited validation
```

ここでは「Expo handles all credentials, you can still provide overrides」を選びます。

次に、Apple IDとパスワードを入力していきます。初めてApple IDでアクセスしたか、クッキーのセッションが切れた場合は、macOSやiOS端末でサインインの確認が求められます。

図11-23　macOS上でのサインインの確認

　ターミナルにはPlease enter the 6 digit code:と表示されるので、サインインの確認に出てくる6桁の数字を入力します。次に、チームを選択します。先ほどApp IDを作成に利用したチームを使ってください。

　最後に、「Distribution Certificate」と「Push Certificate」をどうするかを確認されるので、「Let Expo handle the process」を選択すると、ビルドが開始されます。完了すると、APKファイルと同様の成功のメッセージが表示されるとともにIPAファイルのURLが表示されます。

コマンド11-13　アプリケーションのビルド成功のメッセージ

```
[14:56:03] Successfully built standalone app: https://exp-shell-app-assets.s3.us-west-1.amazonaws.com/ios/%40smellman/ToiletMap-xxxxxxxx-04e1-451f-9d8f-0d9c2a669efe-archive.ipa
```

　ダウンロードしたら、IPAファイルをApp Storeにアップロードします。

　それには、Xcodeを立ち上げ、Xcodeのメニューから［Open Developer Tool］→［Application Loader］を選択して**Application Loader**を起動します。

図 11-24　Application Loader

　Application Loaderで、左上のチーム選択でApp IDを作成したチームを選択してから、右下の選択ボタンを押してIPAファイルを開きます。

　読み込みが完了するとアプリの情報が表示されます。

図 11-25　アプリの情報

　「次へ」を押すと、App Storeへアップロードが開始されます。

　App Storeへアップロードが完了すると、緑色のチェックアイコンが表示されます。

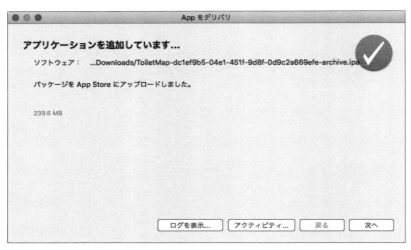

図11-26　App Storeにアップロード完了

「次へ」を押して終了を押すと、Application Loaderが閉じられます。
では、App Store Connectへ移動して状態を見てみましょう。

図11-27　App Store Connectで確認

アップロードが完了していたら、ビルドが表示されます。

11-4-3　React NativeでのApp Storeへの配信手順

バーコードリーダーアプリをXcodeで開きます。

次に、Bundle Identifierを org.smellman.app.barcodereader に書き換えます。

そして、左上のビルド対象を選ぶ部分で**Generic iOS Device**か接続しているiOSデバイスを選択して、「Product」メニューの**Archive**を選びます。

Archiveが完了すると、アーカイブの一覧画面が表示されます。

図11-28　アーカイブ一覧

画面右の**Upload to App Store**を選択して、出てきたダイアログでデフォルトのままで「Next」を押していくとアップロードの確認画面が出てきます。

第11章 Storeへの配信

図11-29　アップロード確認画面

ここで「Upload」を選択すると、App Storeへのアップロードが開始されます。成功したら、アップロード成功画面が表示されます。

図11-30　アップロード成功画面

これでApp Store Connectで状態を確認することができます。

実際に審査に通すためには、もう少しアプリケーション側に手を加える必要があるでしょう。ぜひ、自分だけのアプリを世界中に配信してみてください。

第12章
React Native／Expoの バージョンアップ

React NativeもExpoもどんどんバージョンアップされていて、新しい機能が追加されたり、既存のバグフィックスが行われたりしています。
React Nativeは、一度アプリケーションを作って安定してしまえば、あまりバージョンアップの必要はありません。ただし、OSのバージョンによって使えなくなるAPIを利用していたりする場合もあるので、必要に応じてバージョンアップしなければなりません。
一方、Expoは、ベースとなるExpo Clientがバージョンアップされると、古いSDKのバージョンのサポートを切ってしまいます。そのため、定期的にバージョンアップが必要となります。
Expoではバージョンアップは比較的簡単な作業ですが、React Nativeは特にiOSのバージョンアップ作業がかなり大変です。ここでは、双方のバージョンアップを解説しますが、比較的容易なExpoのバージョンアップ方法を紹介したあと、React Nativeの2つのバージョンアップ方法を解説します。

12-1 Expoのバージョンアップ

　Expoのバージョンアップに関しては、Expoのブログに更新情報が投稿されています。したがって、そこから情報を取得してExpoのバージョンアップを行います。

- Exposition
  https://blog.expo.io/

　執筆時にExpo SDK v29.0.0のリリースの案内があったところなので、ここでは次のブログエントリを参考にして進めます。

- Expo SDK v29.0.0 is now available
  https://blog.expo.io/expo-sdk-v29-0-0-is-now-available-f001d77fadf

　アップグレードの際は、このエントリの**Upgrading Your App**の項目を確認します。この項目に、必要な情報がほぼ揃っています。

12-1 | Expoのバージョンアップ

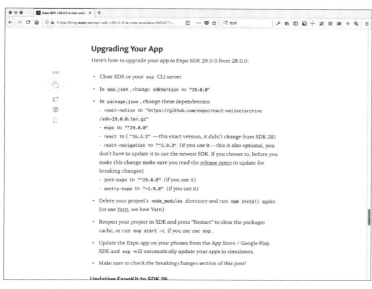

図12-01　Expo SDKのアップグレード方法

アップグレードの際には、現在exp startで動かしているものがあれば停止しておきます。次に、app.jsonのsdkVersionをアップグレードするバージョンにします。今回の場合であれば、29.0.0となります。

次に、package.jsonを開いて、依存しているパッケージのバージョンやURLをブログの記事に合わせて書き換えていきます。そして、node_modulesディレクトリをまるごと削除してから、npm installを実行します。

コマンド12-01　node_modulesの削除とnpm installの実行
```
$ rm -fr node_modules
$ npm install
```

キャッシュをクリアするため、exp startコマンドは-cを付けて実行します。

コマンド12-02　キャッシュをクリア
```
$ exp start -c
```

あとは、実機にインストールされているExpo Clientのバージョンも最新のものにします。AndroidエミュレータやiOSシミュレータの場合、まずExpo Clientを削除したあとでexp androidもしくはexp iosを実行すると、最新バージョンがインストールされます。

そして、先のブログのエントリの**Breaking Changes**の項目を確認します。Expo SDK v29.0.0への変更

345

では、Contactsモジュールのフィールド名がいくつか変わったためドキュメントを確認すべしとあるので、利用している場合はドキュメントを読むようにしてください。なお、Breaking Changesの項目はバージョンが上がることに記述があるので、一気にバージョンを上げる場合は、それぞれの違いごとにBreaking Changesの内容を確認するようにしてください。過去のバージョンアップ情報を確認するにはブログの**latest**から過去記事を探すか、Web検索をしてください。

● Latest stories published on Exposition
　https://blog.expo.io/latest

　特にバージョンアップ情報がまとまっているわけではなく、効率的に検索することができないので、がんばって探す必要があります。

12-2 React Nativeのバージョンアップ

React Nativeのバージョンアップを行うには、2つの方法があります。

1つはreact-native-git-upgradeを使う方法で、もう1つはreact-native ejectを使ってネイティブ部分を作り直す方法です。

ここでは、第11章のバーコードリーダーを例にバージョンアップの方法を解説します。

まず、普通にreact-native initを実行すると最新バージョンがインストールされてしまうので、今回はわざとバージョンを指定して初期化します。

コマンド12-03　React Native 0.52.2でバーコードリーダーアプリを作成

```
$ react-native init BarcodeReader --version 0.52.2
$ cd BarcodeReader
$ npm install
$ npm install react-native-camera --save
$ react-native link react-native-camera
$ cp PATH_TO_ORIGINAL_APP/App.js .
$ vim ios/BarcodeReader/Info.plist
```

次に、Xcodeでプロジェクトを開いて、Singingの項目からTeamを変更しておきます。

コマンド12-04　Xcodeでプロジェクトを開く

```
$ open ios/BarcodeReader.xcodeproj
```

では、この段階でいったんgitレポジトリに追加しておきます。

コマンド12-05　gitレポジトリを追加

```
$ git init .
$ git add .
$ git commit -m "init project"
```

これで用意はできたので、アップグレード作業を行っていきます。

12-2-1 react-native-git-upgradeによるアップグレード

まずはreact-native-git-upgradeをインストールします。

コマンド12-06　react-native-git-upgradeをインストール
```
$ npm install -g react-native-git-upgrade
```

gitのブランチを変更してから、react-native-git-upgradeを実行します。

コマンド12-07　gitのブランチを変更してから作業を行う
```
$ git checkout -b react-native-upgrade
$ react-native-git-upgrade
```

react-native-git-upgradeを実行すると、さまざまなファイルがアップグレードされます。このうち、今回は次のファイルがエラーになったと出力されています。

コマンド12-08　アップグレード時にエラーとなったファイル
```
error: patch failed: android/app/build.gradle:138
Falling back to three-way merge...
Applied patch to 'android/app/build.gradle' cleanly.
error: patch failed: ios/BarcodeReader.xcodeproj/project.pbxproj:34
Falling back to three-way merge...
Applied patch to 'ios/BarcodeReader.xcodeproj/project.pbxproj' with conflicts.
U ios/BarcodeReader.xcodeproj/project.pbxproj
```

このうち、**コンフリクトがある**（with conflictsが含まれている行で示されている）ファイルをエディタで開きます。コマンド12-08の例でもそうですが、たいていはproject.pbxprojが対象です。そこで、project.pbxprojをエディタで開くと、次のような部分があるはずです。

リスト12-01　conflictが発生している部分
```
1  2D02E4C81E0B4AEC006451C7 /* libRCTWebSocket-tvOS.a in Frameworks */ = {isa =
   PBXBuildFile; fileRef = 3DAD3E991DF850E9000B6D8A /* libRCTWebSocket-tvOS.a */; };
2  2D16E6881FA4F8E400B85C8A /* libReact.a in Frameworks */ = {isa = PBXBuildFile; fileRef =
   2D16E6891FA4F8E400B85C8A /* libReact.a */; };
3  2DCD954D1E0B4F2C00145EB5 /* BarcodeReaderTests.m in Sources */ = {isa = PBXBuildFile;
   fileRef = 00E356F21AD99517003FC87E /* BarcodeReaderTests.m */; };
4  <<<<<<< ours
```

12-2 React Nativeのバージョンアップ

```
 5  3FCCF37911304A8897364A9A /* libRNCamera.a in Frameworks */ = {isa = PBXBuildFile; fileRef
    = ĐB9E8627753E4C20B892F010 /* libRNCamera.a */; };
 6  =======
 7  2DF0FFEE2056ĐĐ460020B375 /* libReact.a in Frameworks */ = {isa = PBXBuildFile; fileRef =
    3ĐAĐ3EA31ĐF850E9000B6Đ8A /* libReact.a */; };
 8  >>>>>>> theirs
 9  5E9157361ĐĐ0AC6A00FF2AA8 /* libRCTAnimation.a in Frameworks */ = {isa = PBXBuildFile;
    fileRef = 5E9157331ĐĐ0AC6500FF2AA8 /* libRCTAnimation.a */; };
10  832341BĐ1AAA6AB300B99B32 /* libRCTText.a in Frameworks */ = {isa = PBXBuildFile; fileRef
    = 832341B51AAA6A8300B99B32 /* libRCTText.a */; };
11  AĐBĐB9381ĐFEBF1600EĐ6528 /* libRCTBlob.a in Frameworks */ = {isa = PBXBuildFile; fileRef
    = AĐBĐB9271ĐFEBF0700EĐ6528 /* libRCTBlob.a */; };
```

oursから始まる部分は元からあった部分で、theirsが新規に追加された部分です。この部分を比べてみると、libReact.aへの参照が増えているように見えます。それが正しいのかどうかを調べるために、rn-diffというGitHubのレポジトリを参考にします。

- GitHub - ncuillery/rn-diff:
  https://github.com/ncuillery/rn-diff

今回は0.52.2から0.56.0への変更なので、GitHubのcompare機能を使って差分を確認します。

- Comparing rn-0.52.2...rn-0.56.0 · ncuillery/rn-diff · GitHub
  https://github.com/ncuillery/rn-diff/compare/rn-0.52.2...rn-0.56.0

この部分は、単純にlibReact.aが追加された部分なので、oursとtheirsの両方を有効にすればよいことがわかります。そのため、次のように<<<<<<< oursと=======と>>>>>>> theirsを削除します。

リスト12-02　conflictの修正

```
1  2D02E4C81E0B4AEC006451C7 /* libRCTWebSocket-tvOS.a in Frameworks */ = {isa =
   PBXBuildFile; fileRef = 3ĐAĐ3E991ĐF850E9000B6Đ8A /* libRCTWebSocket-tvOS.a */; };
2  2D16E6881FA4F8E400B85C8A /* libReact.a in Frameworks */ = {isa = PBXBuildFile; fileRef =
   2D16E6891FA4F8E400B85C8A /* libReact.a */; };
3  2DCĐ954Đ1E0B4F2C00145EB5 /* BarcodeReaderTests.m in Sources */ = {isa = PBXBuildFile;
   fileRef = 00E356F21AĐ99517003FC87E /* BarcodeReaderTests.m */; };
4  3FCCF37911304A8897364A9A /* libRNCamera.a in Frameworks */ = {isa = PBXBuildFile; fileRef
   = ĐB9E8627753E4C20B892F010 /* libRNCamera.a */; };
5  2DF0FFEE2056ĐĐ460020B375 /* libReact.a in Frameworks */ = {isa = PBXBuildFile; fileRef =
   3ĐAĐ3EA31ĐF850E9000B6Đ8A /* libReact.a */; };
```

第12章 React Native／Expoのバージョンアップ

```
6  5E9157361DD0AC6A00FF2AA8 /* libRCTAnimation.a in Frameworks */ = {isa = PBXBuildFile;
   fileRef = 5E9157331DD0AC6500FF2AA8 /* libRCTAnimation.a */; };
7  832341BD1AAA6AB300B99B32 /* libRCTText.a in Frameworks */ = {isa = PBXBuildFile; fileRef
   = 832341B51AAA6A8300B99B32 /* libRCTText.a */; };
8  ADBDB9381DFEBF1600ED6528 /* libRCTBlob.a in Frameworks */ = {isa = PBXBuildFile; fileRef
   = ADBDB9271DFEBF0700ED6528 /* libRCTBlob.a */; };
```

このように、1つひとつの差分を手作業で調整しないとなりません。そして、さらに問題なのが次のような記述です。

リスト12-03　厄介なconflict

```
 1  INFOPLIST_FILE = "BarcodeReader-tvOSTests/Info.plist";
 2  LD_RUNPATH_SEARCH_PATHS = "$(inherited) @executable_path/Frameworks @loader_path/
    Frameworks";
 3  <<<<<<< ours
 4  LIBRARY_SEARCH_PATHS = (
 5          "$(inherited)",
 6          "\"$(SRCROOT)/$(TARGET_NAME)\"",
 7  =======
 8  OTHER_LDFLAGS = (
 9          "-ObjC",
10          "-lc++",
11  >>>>>>> theirs
12  );
13  PRODUCT_BUNDLE_IDENTIFIER = "com.facebook.REACT.BarcodeReader-tvOSTests";
```

この記述は、単純に<<<<<<< oursなどを削ってしまうと、構文エラーになってしまってXcodeが起動しなくなります。というのも、どちらかだけを有効にするなら構文エラーにはなりませんが、両方を有効にするなら、それぞれのところで「);」で閉じなければならないからです。

これを踏まえて、次のように修正します。

リスト12-04　厄介なconflictの修正

```
1  INFOPLIST_FILE = "BarcodeReader-tvOSTests/Info.plist";
2  LD_RUNPATH_SEARCH_PATHS = "$(inherited) @executable_path/Frameworks @loader_path/
   Frameworks";
3  LIBRARY_SEARCH_PATHS = (
4          "$(inherited)",
```

```
 5              "\"$(SRCROOT)/$(TARGET_NAME)\"",
 6         );
 7         OTHER_LDFLAGS = (
 8              "-ObjC",
 9              "-lc++",
10         );
11         PRODUCT_BUNDLE_IDENTIFIER = "com.facebook.REACT.BarcodeReader-tvOSTests";
```

　この作業をひたすら繰り返しますが、ものによっては依存関係を破壊するようなところもあるので、かなり気を遣う作業になります。今回は4カ所ほどの修正だったのであまり問題はないのですが、筆者は30カ所以上の変更があった上に、1つの修正で依存関係が崩れるようなものの修正も経験しています。そのため、いつでも元の状態に戻れるようにgitのブランチを作っておかないと、大変な目に会います（もちろん、筆者はmasterブランチで実行してひどい目に遭ったことがあります）。

　さて、修正が完了したら、Xcodeでプロジェクトファイルを開いて、正しく動くかを確認します。無事に開けたら（おそらく）成功です。

　では、アップグレードの最後にnode_modulesを削除して、npm installを再度実行します。

コマンド12-09　アップグレードの後に実行
```
$ rm -fr node_modules
$ npm install
```

12-2-2　react-native ejectによるアップグレード

　react-native-git-upgradeによるアップグレード作業には難しい部分がありましたが、react-native ejectを使ったアップグレードは比較的簡単です。

　まず最初にreact-native-git-upgradeを実行します。

コマンド12-10　react-native-git-upgradeの実行
```
$ react-native-git-upgrade
```

　次に、androidおよびiosディレクトリをまるごと削除してから、react-native ejectを実行します。

第12章 React Native／Expoのバージョンアップ

コマンド12-11　ディレクトリの削除とreact-native ejectを実行
```
$ rm -fr android
$ rm -fr ios
$ react-native eject
```

react-native ejectは、androidおよびiosの2つディレクトリを1から作り直すコマンドです。ディレクトリが削除されてしまったので、もう一度同じセットアップを行います。

コマンド12-12
```
$ npm install
$ npm install react-native-camera --save
$ react-native link react-native-camera
```

次に、ios/BarcodeReader/Info.plistを編集しているので、差分を調べます。

コマンド12-13　新しいInfo.plistとの差分を確認する
```
$ git diff ios/BarcodeReader/Info.plist
```

変更点が大きくなかったら、そのままファイルを元に戻します。

コマンド12-14　Info.plistを元に戻す
```
$ git checkout ios/BarcodeReader/Info.plist
```

ほかにも、Androidのリリース用のキーストアなど、なくなってしまったファイルや、もともと使っていたアイコンなどを戻していきます。これでアップグレード作業が完了です。

react-native ejectを使った作業で必要なのは、androidおよびiosディレクトリに対して影響がある作業についてのドキュメント化です。ドキュメントさえあれば、ネイティブ部分でトラブルがあったらejectしてやり直せばよいという割り切りもできます。特にiOSについては、project.pbxprojは詳しい説明がなく、曖昧な部分も多いので、有効な回避策を模索してください。

付　録

A-1 tvOSプログラミング

React Nativeには、**Apple TV**および**Apple TV 4K**[1]に搭載されている**tvOS**[2]のアプリを開発する環境が用意されています。tvOSにはWebViewなどがないといった制約がありますが、簡単なUIを持つものなら動作します。特にTouchableOpacityで実装されたものであれば、**Siri Remote**を使って操作が可能です。

ここでは、第5章で作成した電卓アプリをtvOSで動かしてみます。

A-1-1 環境構築

まずは、tvOSに対応した環境を構築します。執筆時点でのReact Nativeの最新バージョンは0.56.0ですが、このバージョンではtvOSで動かないというバグがあるため、1つ古いバージョンの0.55.4でプロジェクトを作成します。

コマンドA-01　React Nativeのプロジェクトを作成
```
$ react-native init RPNCalcTV --version 0.55.4
```

では、プロジェクトを作成した段階でどのように動くのかを確認するため、シミュレータで起動してみましょう[3]。

コマンドA-02　Apple TVシミュレータで起動
```
$ cd RPNCalcTV
$ react-native run-ios --simulator "Apple TV" --scheme "RPNCalcTV-tvOS"
```

※1　Appleが開発・販売しているセットトップボックス（テレビに接続して使うデバイス）です。ネットワークを通して、iTunesからビデオを配信できるほか、iTunes Storeからコンテンツを購入したり映画のレンタルをできたりします。

※2　Apple TVのOSです。iOSをベースに開発されており、tvOS向けのApp Storeが搭載されているため、アプリケーションをApple TVにダウンロードできます。

※3　筆者の環境では、繰り返し動かしていたらコマンドラインからのApple TVのシミュレータの起動に失敗するようになった（起動自体はしているのにウインドウが表示されない）ので、代わりにios/RPNCalcTV.xcodeprojを開いてRPNCalcTV-tvOSを選択して起動させています。

起動すると、次のようにシミュレータが表示されます。

図A-01　シミュレータの起動

tvOSのシミュレータでは、iOSのシミュレータと同様に Command + R でリロード、Command + D で React Nativeのメニューを表示させることができます。

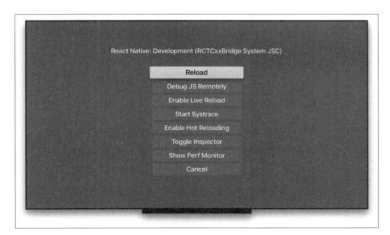

図A-02　React Nativeのメニュー

なお、Apple TVにはタップという概念がないので、このメニューやほかの操作はキーボードのカーソルキーで移動をして選択するので、使い方に注意してください。

A-1-2　プログラムの修正

第5章で作成した電卓アプリのプロジェクトのApp.jsの中身をそのままコピーします。

- RPNCalc/App.js at master・smellman/RPNCalc・GitHub
  https://github.com/smellman/RPNCalc/blob/master/App.js

シミュレータで起動させると、次のように動作します。

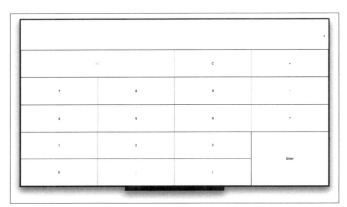

図A-03　シミュレータで電卓アプリ

　画面を表示を見てみると、フォントサイズが小さかったり、横画面モードなので1桁しか表示されないという状態になっています。横画面で1桁にしているのはボタンの押しやすさを優先したためですが、Apple TVなどではタップがないので、押しやすさよりも見やすさを優先したほうがよいでしょう。そこで、いくつかの修正を行います。

　まずはrenderを修正していきます。

リストA-01　Apple TVに合わせてrenderを修正

```
render() {
  let resultFlex = 3
  // 結果は３つ表示していてもよいので１つだけにしているコードを削除
  //if (this.state.orientation == 'landscape') {
  //   resultFlex = 1
  //}
  return (
    <View style={styles.container}>
```

```
 9      <View style={[styles.results, {flex: resultFlex}]}>
10        { [...Array(resultFlex).keys()].reverse().map(index => {
11          return (
12            <View style={styles.resultLine} key={"result_" + index}>
13              { /* テキストのフォントサイズを大きくする */ }
14              <Text style={{fontSize: 100}}>{this.showValue(index)}</Text>
15            </View>
16          )
17        }
18      )}
19   //以下省略
```

1行表示するように制限しているところをコメントアウトし、結果を表示するTextコンポーネントをfontSize: 100として拡大するようにしています。

スタイルのcalcButtonTextも修正します。

リストA-02　Apple TVに合わせて`calcButtonText`を修正

```
1  // フォントサイズを100へ
2  calcButtonText: {
3    fontSize: 100,
4  },
```

これでリロードしてみましょう。

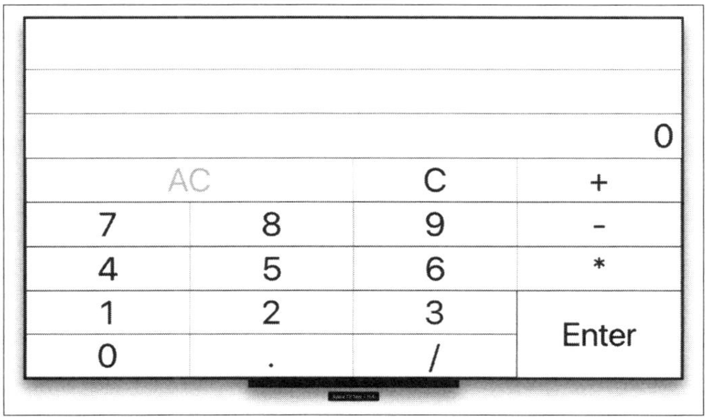

図A-04　フォントを大きくした電卓アプリ

これならテレビで表示しても問題なさそうです。

A-1-3　実機での検証

　React Nativeアプリを実機で動かすには、Apple TVもしくはApple TV 4KとMacを接続しなければなりません。Apple TVではUSB-Cケーブルで接続すればよいのですが、筆者が持っているApple TV 4KはUSB端子がないので、ネットワーク経由でペアリングする必要があります。

　ネットワーク経由でのペアリングは、Apple TV 4Kの設定画面から「リモコンとデバイス」を選んで、その他のデバイスの項目の「Remote Appとデバイス」を選びます。その上で、macOS側でXcodeを立ち上げて、Windowメニューから「Devices and Simulators」を選ぶと、Apple TV 4Kが同じネットワークにあれば認識されます。

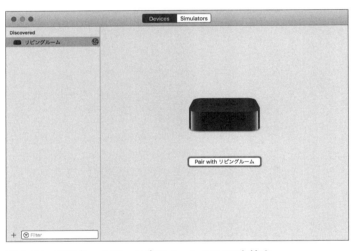

図A-05　同じネットワーク内のApple TV 4Kを検出

　あとはPairボタン（図A-05では「Pair with リビングルーム」）を押すと、6桁の数字を入力する画面になります。Apple TV 4K上に数字が表示されるので、同じものを入力するとペアリングが完了します。あとは実機のデバッグと同じ要領です。

　まずはXcodeのプロジェクトを開きます。

コマンドA-03　Xcodeのプロジェクトを開く

```
$ open ios/RPNCalcTV.xcodeproj
```

そして、**TARGETS**の**RPNCalcTV-tvOS**を開き、第10章と同じ要領でBundle Identifierの変更とTeamの選択を行います。

実機を選択して実行すると、Apple TVをつないだテレビで電卓アプリが表示されます

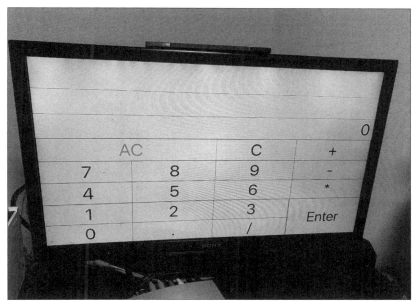

図A-06　テレビで電卓アプリを実行

操作はSiri Remoteなどで行えます。Touchサーフェスで各ボタンに移動して押し込めば、数字が入力されていきます。

React Nativeのメニューを表示するには、「再生／一時停止」ボタンを押します。

付　録

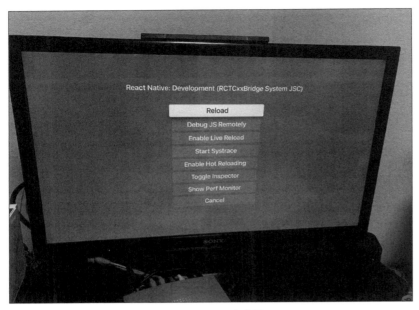

図A-07　テレビ上でReact Nativeメニューを表示

　tvOS自体の制限は多いのですが、このようにアプリ自体はReact Nativeで比較的簡単に作成できます。なお、アーカイブしてからAd-hocビルドを作成すれば、サーバなしで動作するアプリケーションとして作成できます。ちょっとした自作ソフトを入れてみるのもおもしろいでしょう。

A-2 Windowsプログラミング

第1章で説明しましたが、MicrosoftはReact NativeでWindows向けのアプリが構築できるような仕組みを開発しています。

● GitHub - Microsoft/react-native-windows
  https://github.com/Microsoft/react-native-windows

Windowsアプリ開発環境を整えて、ここでもtvOSと同様に、第5章で使った電卓アプリをWindowsのアプリとして動かしてみましょう。

まず は**Visual Studio**と**Windows 10 SDK**をインストールします。対応するバージョンは、上記のWebページの**System Requirements**の項目[4]を参考にしてください。なお、これらの要件は、変更されることもあるようです[5]。

また、Visual Studioをインストールする際には、**C++**の開発環境もインストールをしてください。入れ忘れた場合は、Visual Studio Installerを再度立ち上げてC++の項目をチェックを入れてインストールをやり直します。

※4 https://github.com/Microsoft/react-native-windows#system-requirements
※5 筆者が初めて確認したころはVisual Studio 2015が対象でしたが、執筆時点ではサポートが終了しているため、Visual Studio 2017を使うようになっています。

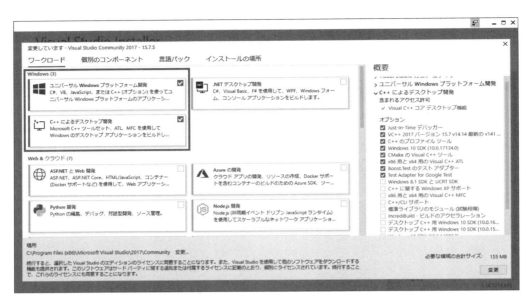

図A-08　Visual Studio InstallerでのC++のチェックの確認

Expoのみで開発をしていた場合はReact Native CLIが必要になるので、インストールします。

コマンドA-04　React Native CLIのインストール
```
> npm install -g react-native-cli
```

プロジェクトを作成しますが、その際にGitHubのプロジェクトのTagsを確認して、対応するReact Nativeのバージョンを調べます。執筆時点ではv0.55.0-rcというバージョンだったので、今回はReact Nativeのバージョンを0.55.0で初期化します。

コマンドA-05　React Nativeのプロジェクトを作成
```
> react-native init RPNCalcWindows --version 0.55.0
```

プロジェクトのディレクトリに移動して、Windows対応を行います。まず、npmコマンドでrnpm-plugin-windowsを--save-devオプションを付けてインストールを行います。そして、react-native windowsコマンドでWindowsアプリ用のファイルを作成します。

コマンドA-06　React Native Windowsの対応

```
ps> cd RPNCalcWindows
ps> npm install --save-dev rnpm-plugin-windows
ps> react-native windows
```

このとき、`App.windows.js`というファイルが作成されます。React Nativeでは、ファイル名と`.js`拡張子の間にプラットフォームの名前があると、対応したプラットフォームの代わりに参照するようになります。今回のWindowsアプリでは、`App.js`の代わりに`App.windows.js`が読み込まれるという仕組みです。

では、Windowsアプリとして起動してみましょう。

コマンドA-07　Windowsアプリとして起動

```
ps> react-native run-windows
```

PowerShellがシステムを変更するか尋ねられるので、「はい」を選択します。その後、別のプロンプトが立ち上がり、今度は証明書をインストールするかを確認されます。

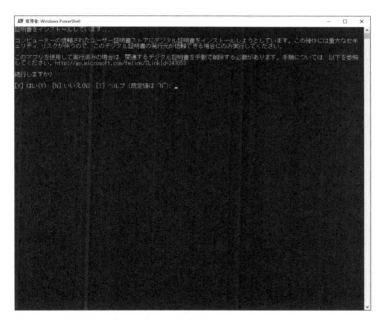

図A-09　証明書のインストールの確認

ここでは、Yを押して変更を許可します。Windowsアプリが立ち上がれば、React Nativeでの開発環境が整ったことになります。

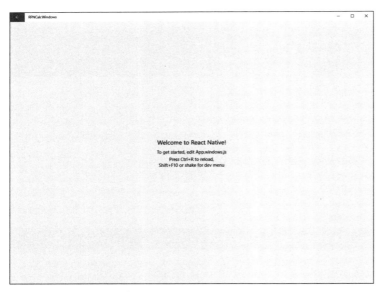

図A-10　Windowsアプリの起動

あとは、電卓アプリのソースコードをApp.windows.jsファイルにコピーします。

- RPNCalc/App.js at master · smellman/RPNCalc · GitHub
  https://github.com/smellman/RPNCalc/blob/master/App.js

そして、先ほど起動したアプリを Ctrl + R でリロードすると、電卓アプリとして立ち上がります。

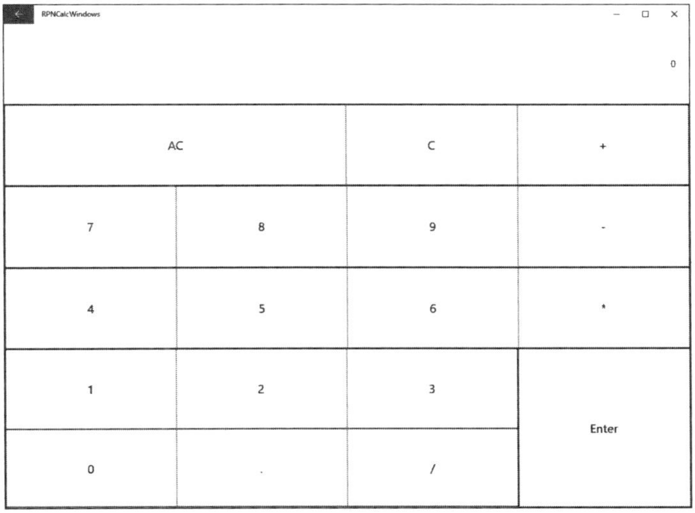

図A-11 Windows版電卓アプリの起動

ウインドウをリサイズして縦長にすれば、表示領域も追従して変わります。

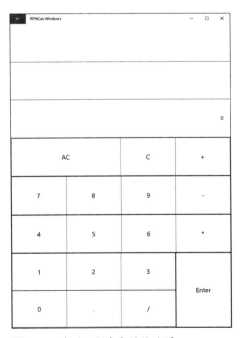

図A-12 ウインドウをリサイズ

ただし、実際に触ってみると、残念なことに、マウスでは数字が非常に選択しづらいのです。こちらも、Apple TVと同様に、フォントの大きさを変えたほうがよさそうです。余裕のある人は、いろいろなカスタマイズにチャレンジしてみてください。

　このように単純なアプリケーションであれば、Windowsへの移植は難しくないといえます。

索引

記号
.bashrc ································ 23, 24, 50
.zshrc ····························· 23, 24, 45, 50

A〜C
Ad-hoc ビルド ······························· 360
Airbnb ······································ 206
Android ············ 2, 4, 6〜8, 10〜14, 28, 52, 70, 73,
　　　　75, 76, 90, 188, 206, 282, 284, 285, 287〜289,
　　　　297, 298, 305, 316, 321, 322, 336, 352
Android Studio ········· 28, 29, 31, 40, 45, 46, 49, 51,
　　　　57, 64, 283, 284, 287, 300
Android Studio Setup Wizard ······· 32, 41, 46, 49
ANDROID_HOME ············ 37〜39, 45, 50, 283
Android エミュレータ ········ 28, 34, 57, 64, 65, 66,
　　　　84, 85, 241, 306, 345
APK ファイル ········· 6, 11, 289, 324, 329, 331, 338
App Store ············· 7, 60, 72, 338, 339, 342, 354
App Store Connect ················· 335, 340, 342
Apple TV ············ 13, 354〜356, 358, 359, 366
ATOK ······································ 111
Atom ································· 80 〜 83
AVDManager ································ 28
Bable ······································· 109
bash ····································· 20, 24
BIOS ·· 35
Bundle Identifier ·············· 292, 336, 341, 359
C++ ··································· 2, 361
Callout ································ 232, 311
Chocolatey ··································· 17
CocoaPods ························· 285, 300, 301
CommonJS ·································· 259
Conflicts ···································· 348

Corona SDK ································ 2, 3
Create React App ····························· 9
Create React Native App ····················· 5, 9
CRNA ····························· 5, 9〜14, 16
CUI ·· 62
curl ·· 23

D〜F
detach ····································· 14
EditorConfig ····························· 82, 83
eject ······························· 14, 347, 351
Expo SDK ······················ 111, 209, 344, 345
Expo XDE ···································· 6
expo.io ······················ 6, 7, 11, 12, 26, 69, 209
ExpoKit ····································· 14
Facebook ······················ 2, 3, 6, 9, 103, 192
Firefox ······································ 77
Flexbox レイアウト ··················· 130, 139, 176
Flex レイアウト ······················· 90, 98, 127
Flux アーキテクチャ ······················ 192, 193
Forth ····································· 139

G〜I
Gauche ····································· 141
GBoard ····································· 111
GeekyAnts ·································· 176
GeoJSON ···················· 226, 227, 248, 250, 251
geojson.io ·································· 251
GIS ································· 220, 226, 251
gist ······································· 251
Google API Manager ························ 325
Google Chrome ··························· 77, 78
Google Play ······················ 7, 324, 329, 333

Google Play Console	324
GPSロガー	328
Gradle	7, 284, 285, 297, 300, 330
GUI	4, 83, 85
GUIアプリケーション	28, 46
HAXM	34〜36, 43, 49
history stack	231
Homebrew	76
HOT	220
HP 10C	139
Humanitarian OpenStreetMap Team	220
Hyper-V	35
IDE	7
Intel	34
IntelliSense	82
Interface Builder	317, 320
iOS	2, 4〜8, 10〜14, 60, 61, 67, 68, 72, 73, 75, 76, 84, 85, 90, 110, 111, 206, 284, 285, 290, 293, 300, 317, 320〜322, 337, 341
iOSシミュレータ	14, 60, 61, 67, 68, 75, 84, 85, 345
ipaファイル	11, 333, 338, 339

J〜L

Java	2, 7, 282, 283
JS Bundle	74, 76
JSON	118, 221, 227, 275, 276
JSX	97, 98, 109, 152
Kotlin	2
KVM	49, 57
LAN	69, 70
Leaflet	206, 256
Linux	5, 14, 16, 17, 23, 25, 45, 46, 49, 57, 80, 81
LISP	141
LocalHost	69, 289
Location API	238
LTS	17, 22, 24
Lua	2

M〜O

macOS	5, 14, 16, 17, 23, 25, 40, 46, 60, 76, 80, 81, 140, 283, 285, 300, 337, 358
MakeAppIcon	324
Mapbox GL JS	295
Mapbox GL Native	220, 227
Mapbox Maps SDK	295〜297, 299, 305, 311, 312, 313
Mapbox Studio	295, 296
Mapbox Vector Tile	219, 296
Maven	297
MDN Web Docs	15, 92, 93
Mozilla	92, 93
MSDN	92
nativebase	176, 177
Nexus 5X	55
node.js	4, 16, 17, 22〜26
nodebrew	17, 23, 24
nodist	17, 18, 20, 21, 22, 23
npm	4, 23, 26, 178, 222, 362
Objective-C	2
Open JDK	282, 283
OpenLayers	206
OpenMapTiles	296
OpenStreetMap	206, 212, 215, 217〜220, 227, 237, 296, 313
Oracle JDK	282, 283

OSM財団 ································· 218
Overpass API ················ 206, 215, 216, 227
Overpass QL ···························· 216
Overpass Turbo ················ 216, 220, 221
Overpass XML ·························· 216
overpass-api.de ·························· 215

P〜R
PATH変数 ······················ 23, 24, 38, 39
PowerShell ············· 16, 20, 21, 62, 64, 82, 363
PowerShell Core ···························· 16
Provisioning Profile ······················ 290
Pure JavaScript ····························· 5
Python ·································· 173
QRコード ······················ 7, 70, 71, 73, 84
range ··································· 173
React Community ························ 206
React native Camera ················ 284, 295
React native CLI ················· 282, 283, 362
React Native Elements ···· 176〜179, 181, 183, 186
react-native-maps ············· 206, 222, 227, 305, 311, 313, 324
react-navigation ·············· 9, 206, 207, 228, 231
react-redux ·························· 193, 199
Reducer ···················· 193, 194, 195, 200
Redux ···················· 110, 192, 193, 195, 203
redux-persist ······························ 201
rehash ···································· 24
RPN ································ 139, 140
Ruby ··························· 173, 300, 301
Ruby on Rails ··························· 219
RubyGems ······························· 301

S〜U
Scheme ·································· 141
SDK Manager ······················ 51〜54, 56
SHA-1ハッシュ ······················ 324, 327
Siri Remote ························· 354, 359
Slack ····································· 93
SMS ·································· 73, 84
Snack ··································· 7, 8
source ·························· 45, 50, 78
Swift ······································ 2
Syntaxハイライト ························· 80
TestFlight ································· 6
Tunnel ································ 69, 70
turf.js ························ 222, 226, 227, 248
tvOS ···················· 13, 14, 354, 355, 360, 361
Ubuntu ·························· 45, 46, 282
UIコンポーネント ··························· 3
Unicode ·································· 80
USBデバッグ ·························· 287, 288
use ······································ 24

V〜Z
Visual Studio Code ··················· 80, 81, 82
VSC ····································· 81
WebDINO Japan ·························· 93
WebView ······ 2, 254, 259, 263〜265, 267, 272, 354
Windows ······················· 5, 14, 17, 22, 23, 29, 40, 46, 80, 81, 316, 361, 362, 366
Windows PowerShell ······················· 16
Windowsアプリ ················· 13, 361, 362, 363
XBox One ································ 13
Xcode ······ 4, 6, 60, 67, 284, 285, 290, 292, 293, 322, 333, 338, 341, 347, 350, 351, 358

XML ……………………………………… 217
zsh ………………………………………… 24

あ行

アロー関数 ……………………………………… 4
イテレータ …………………………………… 173
イニシャライザ …………………………… 256, 287
イベントリスナー ………………………… 171, 265
インテリセンス ………………………………… 82
インド ………………………………………… 176
ヴァル研究所 ………………………………… 254
永続化 …………………………………… 200〜203
エイリアス …………………………………… 330
駅すぱあと …………………………………… 254
駅すぱあとWebサービス … 254, 268, 275, 276, 279
駅すぱあと路線図 ……… 254〜256, 261, 264, 265,
268, 276, 278, 279
駅すぱあとWORLD ………………………… 254
オープンソースカンファレンス ……………… 93

か行

開発者向けオプション …………………… 287, 288
画面遷移 ………………………… 201, 207, 228, 232
逆ポーランド記法 …………………… 139〜141
キーストア ………………………… 329, 330, 352
クリエイティブコモンズ …………………… 118
クロスプラットフォーム …………………… 2, 4
継承 …………………………………… 96, 131
継承元 ………………………………………… 100
経路検索 ……………………………………… 276
国土地理院 …………………………………… 305
コマンドプロンプト ……………………… 39, 62
コンストラクタ ……… 100, 114, 115, 161, 170, 226

コントロールパネル ……………………… 35, 36
コンパイル ………………………… 11, 12, 14
コード補完 ……………………………… 80, 82

さ行

最短経路探索 ………………………………… 219
桜田門駅 ……………………………………… 267
実行ポリシー ……………………………… 20, 21
スコープ …………………………………… 94, 95
スタック …………………… 140, 161〜163, 165
ステップ実行 ………………………………… 78
ステータスバー …………………………… 89, 90
スプラッシュスクリーン ……… 315, 316, 318, 320
スプレッド演算子 ……… 109, 110, 173, 197, 209
ズームレベル …………………………… 206, 305
線 ……………………………… 217, 247, 248, 276

た行・な行

ターミナル ……… 16, 62, 64, 83, 84, 288, 327, 338
地図タイル …………………………………… 305
チャールズ・ムーア ………………………… 139
中置記法 …………………………………… 140, 141
地理院タイル仕様 …………………………… 305
ツリー構造 …………………………………… 152
手書きラフ …………………………………… 139
テキストエディタ ……………………………… 4
デベロッパーツール ……………………… 77, 78
テンプレート ……………………… 9, 62, 141, 227
糖衣構文 ………………………………… 117, 118
統合開発環境 ………………………… 7, 28, 60, 82
トランスコンパイラ ………………………… 109
ネイティブコード ……………………………… 3〜5, 7
ネイティブモジュール …………… 10, 12, 13, 14, 282

371

は行

- バイナリ ……………………………… 7, 10, 14
- バーコードリーダー ………… 284, 285, 315, 329, 333, 341, 347
- 非同期処理 ……………………………… 117, 278
- ヒューレット・パッカード ……………… 139
- 浮動小数点数型 …………………………… 166
- 不動前駅 …………………………………… 278
- フレームワーク …………………………… 2, 3
- ブログ …………………………………… 344〜346
- ベクトルタイル …………………………… 219
- 変数の汚染 ………………………………… 94
- ポモドーロテクニック …………………… 183
- ポリゴン ………………………………… 217, 218
- ポーランド記法 …………………………… 141

ま行・ら行・わ行

- マーカー ………… 210, 212, 227, 228, 232, 237, 311
- マーケットプレイス ……………………… 82
- 無名関数 …………………………………… 4
- ライフサイクル ………… 96, 108, 113, 114, 200
- ラフスケッチ …………………………… 87, 88
- ルーティング ……………………………… 219
- 早稲田駅 …………………………………… 278

●著者プロフィール

松澤 太郎（まつざわ たろう）
地理空間系プログラマー。合同会社Georepublic Japanで（顔がおっさんなので）シニアエンジニアとして働く。専門分野は、地図タイルおよびWeb／スマートフォンアプリケーション開発。古くからMozillaコミュニティやLinux/OpenSourceコミュニティで活動し、某組の組長だったことから、いまだに組長と呼ばれている。日本UNIXユーザ会理事、OSGeo財団日本支部理事、OpenStreetMap Foundation Japanのメンバーでもある。趣味はブレイクコアなどの音楽を聞くこと。著書に『Firefox 3 Hacks』（共著、オライリー・ジャパン）『Firefox Hacks Rebooted』（共著、オライリー・ジャパン）がある。Twitterは、@smellman。

STAFF
- DTP： 本薗直美（株式会社アクティブ）
- 装丁： 新美 稔（バランスオブプロポーション）
- 編集部担当： 西田雅典

React Native+Expoではじめるスマホアプリ開発
（リアクト ネイティブ プラス エクスポ）

2018年9月21日　初版第1刷発行

著者	松澤 太郎
発行者	滝口直樹
発行所	株式会社マイナビ出版

〒101-0003　東京都千代田区一ツ橋2-6-3 一ツ橋ビル 2F
TEL：0480-38-6872（注文専用ダイヤル）
TEL：03-3556-2731（販売）
TEL：03-3556-2736（編集）
E-Mail：pc-books@mynavi.jp
URL：http://book.mynavi.jp

印刷・製本　シナノ印刷株式会社

©2018 MATSUZAWA, Taro Printed in Japan
ISBN978-4-8399-6664-5

- 定価はカバーに記載してあります。
- 乱丁・落丁についてのお問い合わせは、TEL：0480-38-6872（注文専用ダイヤル）、電子メール：sas@mynavi.jpまでお願いいたします。
- 本書は著作権法上の保護を受けています。本書の一部あるいは全部について、著者、発行者の許諾を得ずに、無断で複写、複製することは禁じられています。